KB179017

켈빈이 들려주는 온도 이야기

켈빈이 들려주는 온도 이야기

ⓒ 김충섭, 2010

초 판 1쇄 발행일 | 2006년 5월 24일
개정판 1쇄 발행일 | 2010년 9월 1일
개정판 12쇄 발행일 | 2021년 5월 28일

지은이 | 김충섭
펴낸이 | 정은영
펴낸곳 | (주)자음과모음

출판등록 | 2001년 11월 28일 제2001-000259호
주   소 | 04047 서울시 마포구 양화로6길 49
전   화 | 편집부 (02)324-2347, 경영지원부 (02)325-6047
팩   스 | 편집부 (02)324-2348, 경영지원부 (02)2648-1311
e-mail | jamoteen@jamobook.com

ISBN 978-89-544-2082-2 (44400)

켈빈이 들려주는
온도 이야기

| 김충섭 지음 |

㈜자음과모음

켈빈을 꿈꾸는 청소년을 위한
'온도' 이야기

우리는 일상에서 온도 이야기를 자주 접합니다.

그런데 온도란 무엇일까요? 온도와 열을 같은 것으로 생각하는 사람도 있지만 온도와 열은 다른 것입니다. 그렇다면 열과 온도는 서로 어떤 관계에 있을까요?

우리는 온도를 측정할 때 흔히 수은 온도계나 알코올 온도계를 사용합니다. 수은 온도계와 알코올 온도계의 원리는 무엇일까요? 또 온도계에는 이 두 가지 온도계 외에도 여러 가지 다른 형태의 온도계가 있습니다. 이런 온도계들의 원리는 또 무엇일까요?

온도가 올라가면 물질의 성질도 조금씩 변합니다. 온도에 따라 변하는 물질의 성질에는 어떤 것이 있을까요? 온도에 따라 물질의 성질은 어떻게 달라지는 것일까요?

물이 끓으면 수증기가 되고, 단단한 금속도 온도가 올라가면 액체가 되기도 합니다. 또 이와는 반대로 물이 얼면 얼음이 되고, 이산화탄소가 얼면 드라이아이스가 됩니다. 그럼 온도에 따라 물질의 상태는 어떻게 변하는 것일까요?

온도에 대해 가장 궁금한 것 중의 하나는 온도가 얼마나 높이 올라가느냐 하는 것입니다. 또 반대로 온도는 얼마나 아래로 내려갈 수 있는지도 궁금합니다. 과학자들은 온도가 올라갈 수 있는 데는 한계가 없지만 온도가 내려가는 데는 한계가 있다는 것을 알아냈습니다. 왜 온도의 상한은 없는데 하한은 존재하는 걸까요?

이 책에는 우리가 일상에서 만나는 가장 흔한 온도 이야기로부터 온도 속에 숨겨진 비밀스러운 과학 이야기까지 모든 것이 담겨 있습니다.

우리가 살고 있는 우주는 처음에 상상할 수도 없는 뜨거운 온도로부터 시작되어 계속 식어 가고 있다고 합니다. 우주에 있어서 온도의 역사를 아는 것은 곧 우주의 역사를 아는 것이기도 합니다.

김 충 섭

차례

온도란 무엇인가요?

우리는 살아가면서 덥고 차가운 것을 느끼게 됩니다.
켈빈이 말하는 온도란 무엇일까요? 온도에 대해서 알아봅시다.

1

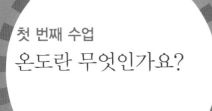

첫 번째 수업

온도란 무엇인가요?

켈빈이 반갑게 자신을 소개하며
첫 번째 수업을 시작했다.

안녕하세요. 여러분과 함께 온도 이야기를 나눌 켈빈입니다.
과학에 관심이 많은 독자 여러분과 이렇게 만나게 되어 무척
반갑습니다.

여러분은 내 이름을 들어 본 적이 있나요?

__예!

그렇다면 혹시 내 이름이 2개라는 사실도 알고 있나요?

__아니요!

나는 톰슨(William Thomson)이기도 하고 켈빈(Kelvin)이기도 하답니다.

　나는 과학책에 흔히 2가지 이름으로 등장한답니다. '켈빈'과 '톰슨'으로요.

　원래 이름은 톰슨(William Thomson)이었습니다. 내 이름이 둘이 된 이유는 1892년에 영국의 귀족 작위를 받고 나서부터 '켈빈'이라는 이름을 사용했기 때문입니다. 정식 이름은 윌리엄 톰슨 켈빈(William Thomson Kelvin) 남작입니다. 이름이 좀 길죠?

　나를 아는 사람들 중에도 나와 윌리엄 톰슨(William Thomson)을 다른 사람으로 아는 사람이 더러 있습니다. 이렇게 된 또 다른 이유는 '톰슨'이라는 비슷한 이름을 가진 과학자가 여러 명 있었기 때문이기도 합니다.

이를테면 전자를 발견한 조지프 존 톰슨(Joseph John Thomson, 1856~1940)이나 열 연구에 기여했던 벤저민 톰프슨(Benjamin Thompson, 1753~1814)은 나와는 다른 사람이랍니다. 톰슨은 흔한 이름이었던 것이죠.

여러분들이 더 이상 헷갈리지 않게 하기 위해서라도 내가 한 일을 먼저 간단히 소개해야겠군요.

나는 '절대 온도' 개념과 '에너지' 개념을 과학에 처음 도입하였고, '열역학'이라는 과학 분야를 확립하는 데 중요한 역할을 하였답니다. 내가 한 일에 대해서는 나중에 좀 더 자세히 이야기할 기회가 있을 테니 그때 또 이야기하기로 하죠.

그럼 이제부터 온도 이야기를 시작하겠습니다.

온도란?

"날씨가 차다."

"물이 미지근하다."

"냄비가 뜨겁다."

우리는 일상에서 이와 같은 표현을 자주 사용합니다. 이런 표현들은 모두 온도와 관련이 있습니다.

그렇다면 묻겠습니다. 온도란 대체 뭘까요?

온도(溫度, temperature)를 글자 그대로 풀이한다면 '따뜻한 정도'입니다. 그렇습니다. 온도는 물체의 차고 뜨거운 정도를 수량적으로 나타낸 것입니다.

온도는 우리의 일상과 항상 밀접한 관계에 있습니다. 텔레비전이나 신문에서 매일 보도하는 일기 예보에는 기온이 늘 단골 메뉴처럼 등장하니까요.

그럼 기온이란 대체 뭔가요?

__ 대기의 온도입니다.

그렇습니다. 기온은 대기가 얼마나 차고 더운지를 수치로 나타낸 것입니다.

우리는 몸에 열이 나면 병원에 갑니다. 병원에 가면 제일 먼저 간호사가 체온을 재죠? 그러면 체온이란 뭘까요?

__ 몸의 온도입니다.

그렇습니다. 그러면 체온은 왜 재는 건가요?

__ 열이 나면 체온이 올라가기 때문이에요.

그렇습니다. 우리 몸이 정상일 때와 비교했을 때 병이 나면 체온이 달라지죠. 그래서 체온을 재면 몸에 열이 얼마나 나는지를 알 수 있습니다.

이상의 2가지 예에서 알 수 있듯이 온도는 우리의 일상과 밀접한 관계에 있는 것입니다. 그뿐이 아닙니다. 온도는 과학 연구에서도 매우 중요합니다. 왜 그럴까요?

과학에서는 여러 가지 물질의 성질이나 변화를 연구합니다. 그런데 물질이 갖는 성질이나 화학 반응은 온도에 따라서 달라지기도 합니다. 뿐만 아니라 온도에 따라 생물의 생장 속도나 생태도 달라집니다. 이 때문에 온도는 물리학이나 화학, 생물학, 공학, 농학 등을 연구하는 데 있어서 매우 중요한 고려 대상이 되는 것입니다.

온도 감각이란?

온도는 우리 몸으로 직접 감지할 수 있습니다. 우리 몸이 온도를 감지할 수 있는 것은 무엇 때문인가요?

__피부에 감각 기관이 있기 때문이죠.

그렇습니다. 우리 피부가 차고 따뜻한 것을 느낄 수 있는 것은 온도 감각(溫度感覺, temperature sense)이 있기 때문입니다. 피부가 느끼는 온도 감각에는 냉각과 온각 2가지가 있답니다.

그러면 온각이란 무엇일까요?

＿따뜻한 것을 느끼는 감각 아닌가요?

맞습니다. 온각은 피부나 점막 등의 온도보다 높은 온도 자극을 느끼는 감각입니다.

그러면 냉각은 온각과 반대로 낮은 온도 자극을 느끼는 감각이겠죠?

온각이나 냉각은 피부로 느낄 수 있는 피부 감각에 속합니다. 피부 감각에는 또 어떤 감각이 있을까요?

＿촉각이요.

맞습니다. 그러면 촉각이란 무엇일까요?

＿감촉을 느끼는 것 아닌가요?

맞습니다. 촉각은 몸이 물건에 닿는 것을 느끼는 감각입니다. 자, 또 다른 피부 감각은 없을까요?

＿아픔을 느끼는 감각이요.

그렇죠. 아픔을 느끼는 감각을 통각이라고 합니다.

감각점

이렇게 우리 피부에는 4가지 감각, 즉 촉각, 통각, 온각, 냉각을 감지하는 감각점이 있습니다. 각각의 감각점들을 압점,

통점, 온점, 냉점이라고 부릅니다.

다시 말해 압점은 촉각을 느끼는 감각점이고, 통점은 통각을 느끼는 감각점입니다. 그리고 온점은 온각을, 냉점은 냉각을 감지하는 감각점입니다.

감각점들은 피부 표면에 점으로 분포하고 있습니다. 하지만 분포하는 감각점의 개수는 감각점에 따라 상당히 차이가 납니다. 어떤 감각점은 매우 많은가 하면 어떤 감각점은 유난히 적습니다.

그러면 여러분들 생각에는 우리 피부에 어떤 감각점이 가장 많을 것으로 생각되나요?

__ 압점이요.

__ 온점이요.

모두 틀렸습니다. 감각점 중에서 가장 많은 것은 통점입니다. 통점은 통각을 느끼는 감각점이라고 했습니다. 통점은 몸 표면 1cm²당 평균 90~150개가 있습니다.

감각점이 많다는 것은 무엇을 의미할까요?

__ 더 잘 느낀다는 것 아닌가요?

맞습니다. 감각점이 많다는 것은 그만큼 그 감각에 더 민감하다는 것입니다. 그러면 우리 몸에는 통점이 왜 가장 많을까요?

— ·······.

우리 몸을 안전하게 보호하기 위해서죠. 우리 몸에 통점이 많기 때문에 몸을 다치게 되면 즉각적으로 어디를 다쳤는지 알 수 있게 되는 것이죠.

다쳐서 피부에 생채기가 나면 아프죠? 만일 아프지 않다면 어떻게 될까요? 무시해 버릴 수 있겠죠? 하지만 그러다가 큰 병으로 발전할 수도 있습니다. 그러면 정말 생명이 위험해질 수도 있겠죠?

아픈 것을 좋아하는 사람은 아무도 없습니다. 하지만 아프다는 것을 알 수 있는 것도 축복입니다. 우리 몸을 보호하라는 신호를 해 주는 것이니까요.

그럼 통점 다음으로 많은 것은 무엇일까요?

— 온점이요.

— 아니요, 압점이요.

압점이 맞습니다. 압점은 촉각을 느끼는 점입니다. 압점은 1cm²당 약 25개가 분포합니다.

그 다음으로 많은 것은 뭘까요?

— 온점이요.

— 냉점이요.

냉각을 느끼는 감각점인 냉점입니다. 냉점은 몸 표면 1cm²

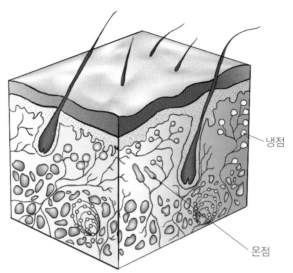

냉점

온점

사람의 피부에는 온도 감각을 느끼는 온점과 냉점이 있다.

당 6~23개 정도가 있습니다.

그리고 가장 적은 것은 온각을 느끼는 온점입니다. 온점은
피부 1cm²당 0~3개 정도에 불과합니다.

냉점이나 온점의 개수는 신체 부위에 따라 많이 다릅니다.
손바닥에는 1cm²당 냉점이 1~5개, 온점이 0.4개가 있습니
다. 하지만 팔에는 냉점이 6~17개, 온점이 0.3~0.4개가 있
습니다.

사람들은 날씨가 조금만 쌀쌀해져도 춥다고 수선을 피웁니
다. 아무래도 사람들은 더위보다 추위에 더 민감한 것 같습

니다. 그 이유는 뭘까요?

냉점이 온점보다 더 많기 때문입니다. 게다가 냉점은 온점보다 피부 표면 가까이에 존재합니다. 그래서 사람들은 더위보다 추위에 더 예민한 것입니다.

사람들은 또 차가운 것보다 뜨거운 것에 더 빨리 적응하는 경향이 있습니다. 목욕탕에 들어갔을 때를 생각해 보세요. 뜨거운 온탕에 들어갔을 때 적응되는 속도와 차가운 냉탕에 들어갈 때 적응되는 속도를 비교해 보면 금방 알 수 있습니다. 온탕에서 적응하는 데 걸리는 시간은 냉탕에서 적응하는 데 걸리는 시간보다 짧습니다.

우리 신체 부위 중에서 온도 변화에 가장 잘 적응하는 부위는 어디일까요?

__ 손바닥이요.

아닙니다. 혀입니다. 왜냐고요? 생각해 보세요. 손으로 만지기에 뜨거운 커피나 국물을 우리는 쉽게 입속에 넣지 않습니까? 또 손이 시려서 오래 잡고 있지 못하는 차가운 얼음 조각도 우리는 입에 넣고 잘 견딥니다. 왜 그럴까요?

혀에는 항상 수분이 존재하기 때문입니다. 혀를 감싸고 있는 수분은 혀에 뜨거운 국물이나 찬 얼음이 직접 닿는 것을 막아 줍니다. 또 수분은 열을 수용하는 능력이 크기 때문에 뜨거운 국물의 온도를 낮추어 주거나 차가운 얼음의 온도를 높여 주는 역할도 하기 때문입니다.

모순 냉감, 모순 온감

우리 몸의 4가지 감각이 항상 따로따로 작동하는 것은 아닙니다. 때로는 다른 감각이나 상반된 감각을 느끼기도 합니다.

예를 들어, 매우 뜨겁거나 매우 차가운 자극을 받을 때 뜨겁거나 찬 감각과 함께 통증을 느끼기도 합니다. 그건 왜 그럴까요?

온도 자극은 자극 부위의 온도와 자극 온도와의 차이에 의해 생긴다.

이것은 온도 자극을 받을 때 몸에 있는 냉점이나 온점과 함께 통점도 자극되기 때문입니다. 앞에서 이미 설명했듯이 통점은 몸의 감각점 중 가장 많은 부분이라 쉽게 자극이 됩니다.

또 우리는 뜨거운 온도 자극에 대해서 서늘한 감을 느끼기도 합니다. 이것은 또 어떻게 된 일일까요?

이것 역시 같은 이유 때문입니다. 차가운 것을 감지하는 냉점이 온점보다 많아서 뜨거운 자극을 받을 때 더 쉽게 자극되기 때문입니다. 그런데 이때 느끼는 냉감은 제대로 된 감각이 아니라 모순된 감각입니다. 그래서 이것을 모순 냉감이라고 합니다.

어떤 사람들은 차가운 자극을 받을 때 온감을 느끼기도 합니다. 이것을 모순 온감이라고 합니다. 모순 온감은 정상적인 사람에게는 나타나지 않습니다. 하지만 정상적인 사람이라 할지라도 냉점을 마취시키게 되면 차가운 자극을 받을 때 온점이 자극되어 온감을 느낄 수 있습니다.

여기서 궁금한 것이 있습니다. 그럼 우리는 몇 ℃ 이상에서 온감을 느끼고 몇 ℃ 이하에서 냉감을 느끼는 것일까요? 이것은 딱 부러지게 몇 ℃라고 말할 수 없습니다. 온도는 상대적이기 때문입니다.

사실 온감이나 냉감을 일으키는 것은 접촉하는 물체의 온도에 의해서만 결정되는 것이 아닙니다. 피부의 온도와 접촉하는 물체의 온도 차이에 의해 정해지기 때문입니다. 이 때문에 더운 곳에 있을 때 냉감을 불러일으키던 온도가 추운 곳에서는 거꾸로 온감을 불러일으킬 수도 있습니다.

순응과 무감 온도

우리 피부가 피부의 온도보다 따뜻한 물체와 접촉하고 있다고 해서 계속 온감을 느끼는 것은 아닙니다. 또 반대로 차가운 물체와 접촉하고 있다고 해서 계속 냉감을 느끼는 것도 아닙니다.

따뜻한 욕조의 물속에 들어가면 따뜻한 온감을 느끼지만 시간이 조금 지나면 더 이상 따뜻하게 느껴지지 않는데, 이것은 물이 식었기 때문만은 아닙니다. 그 반대도 마찬가지입니다.

피부의 온도 감각은 오랫동안 같은 온도에 자극되면 더 이상 따뜻하게도 차게도 느껴지지 않게 됩니다. 이것을 순응이라고 합니다.

우리 피부는 보통 20~40℃의 범위 내에서 온도 변화가 일어나며 자극은 3초 정도가 지나면 순응이 일어납니다. 피부는 이 범위의 온도에서 쉽게 적응이 되어 더 이상 온감이나 냉감을 느끼지 않게 되는 것입니다. 그래서 이 온도 범위를 무감 온도라고 합니다.

앗, 뜨거워!

이런~, 물의 온도가 높았나 보군요.

그런데 선생님, 온도의 정확한 뜻은 뭔가요?

온도를 글자 그대로 풀이한다면 '따뜻한 정도'로, 물체의 차고 뜨거운 정도를 수량으로 나타낸 것입니다.

온도는 우리의 일상과 깊은 연관이 있습니다. 예를 들어, 일기 예보에 많이 나오는 기온이라는 것은 뭘까요?

대기의 온도 아닐까요?

백령 22°C
춘천 25°C
서울 25°C
강릉 25°C
대전 29°C
청주 29°C
울릉 22°C
전주 29°C
대구 31°C
부산
광주 30°C
제주 32°C

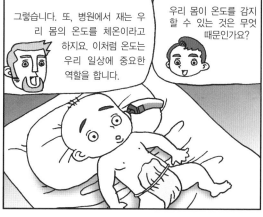

그렇습니다. 또, 병원에서 재는 우리 몸의 온도를 체온이라고 하지요. 이처럼 온도는 우리 일상에 중요한 역할을 합니다.

우리 몸이 온도를 감지할 수 있는 것은 무엇 때문인가요?

피부의 감각 기관 때문입니다. 우리 피부에 있는 온도 감각은 냉각과 온각 두 가지가 있답니다.

그럼 우리 피부는 뜨거운 것과 차가운 것을 따로 느끼는 건가요?

네. 온각은 피부나 점막 등의 어느 부분의 온도보다 높은 온도 자극을 느끼는 감각이고, 냉각은 온각과 반대로 낮은 온도 자극을 느끼는 감각이에요.

온도와 열

온도와 열은 어떤 관계일까요?
줄의 실험과 관련지어서 물의 온도와 열에 대해 알아봅시다.

2

온도와 열

켈빈이 학생들에게
여러 가지 질문을 하며
두 번째 수업을 시작했다.

이번 시간에는 온도와 열의 관계에 대해서 알아보겠습니다.

먼저 묻겠습니다. 하나는 뜨겁고 다른 하나는 차가운 두 물체를 서로 접촉시켜 놓으면 어떻게 되나요?

__온도가 똑같아집니다.

이것은 무엇을 의미합니까?

__찬 물체는 데워지고 뜨거운 물체는 식는다는 것을 의미합니다.

그럼 왜 찬 물체는 데워지고 뜨거운 물체는 식는 걸까요?

__뜨거운 물체에서 찬 물체로 열이 옮겨 가기 때문이죠.

그래요? 그럼 열이란 무엇인가요?

—……

열과 온도는 같은 것인가요?

—그런 것 같기도 하고, 아닌 것 같기도 하고…….

열은 분명 온도와 관계가 있긴 하지만 열과 온도는 서로 다른 것입니다. 그럼 열이 무엇인가를 알아보기로 하죠.

따뜻한 물에 손을 담그면 어떤가요?

—손이 따뜻해져요.

그럼 이번에는 아주 차가운 물에 손을 담그면 어떤가요?

—손이 시려요.

그러면 손이 따뜻해지고 손이 시리게 되는 이유는 무엇 때문인가요?

—더운물은 온도가 높고 찬물은 온도가 낮기 때문이죠.

물론 그렇습니다. 하지만 그것으로는 충분하지 않습니다. 오히려 "더운물은 손보다 온도가 높고, 찬물은 손보다 온도가 낮기 때문"이라고 말해야 하지 않을까요?

우리는 흔히 따뜻한 기운을 '온기', 차가운 기운을 '냉기'라고 합니다. 이 표현을 이용하면 다음과 같이 말할 수 있겠죠?

더운물에 손을 담그면 더운물로부터 '온기'가 전해져 와서 손이 따뜻해집니다. 반대로 찬물에 손을 담그면 찬물로부터

온도가 높은 곳 　　　 열의 흐름 　　　 온도가 낮은 곳

열이란 접촉하고 있는 두 물체 사이에 온도 차가 있을 때 이동해 가는 어떤 것입니다. 물이 흐르듯 온도는 항상 높은 곳에서 낮은 곳으로 이동합니다.

'냉기'가 전해져 와서 손이 시리게 됩니다.

우리는 '온기'와 '냉기'라는 2가지 표현을 썼습니다만, '온기' 하나만을 사용하여 다음과 같이 말할 수도 있습니다.

"더운물에 손을 담그면 더운물로부터 온기가 전해져 와서 손이 따뜻해지고, 찬물에 손을 담그면 손에서 온기가 빠져나가 손이 시리다."

과학에서는 이 '온기'를 '열'이라고 부르는 것입니다. 그러면 열은 어떻게 말할 수 있을까요? 열은 뜨거운 곳에서 차가운 곳으로 흘러가는 '어떤 것'이라고 말할 수 있습니다.

그렇다면 온도는 무엇일까요?

열은 항상 온도가 높은 곳에서 낮은 곳으로 흘러갑니다. 따라서 온도는 열이 흘러가야 할 방향을 가리켜 주는 표지라고 할 수 있습니다. 다시 말해 온도가 높은 곳은 열이 흘러나와야 할 곳이고, 온도가 낮은 곳은 열이 흘러들어 가야 할 곳이라는 것을 말해 줍니다.

열의 정체는?

이제 열이 무엇인지 알아봅시다.

사람들이 열을 이용하기 시작한 것은 불을 발견하면서부터라고 할 수 있습니다. 인류가 불을 이용하기 시작한 것은 원시 시대 때부터이므로, 인류가 열을 이용한 것은 인류의 역사만큼이나 오래되었다고 할 수 있습니다.

고대 그리스의 유명한 철학자인 아리스토텔레스(Aristoteles, B.C.384~B.C.322)는 열은 생명의 원천이며, 감각과 움직임, 생각과 같은 모든 생명력의 근원이라고 했습니다.

지구상의 거의 모든 생명체는 태양열을 이용하여 살아갑니다. 식물은 태양열을 이용하여 생장하고 동물은 그러한 식물을 먹거나 식물을 먹는 다른 동물을 먹이로 하여 살아갑니다. 따라서 지구상의 모든 생명의 젖줄은 태양열이라고 할

수 있습니다. 그런 점으로 미루어 볼 때 아리스토텔레스의
말이 전혀 틀린 말은 아닙니다.

열소설

과학자들이 체계적으로 열 탐구를 시작한 것은 17세기 무렵
부터입니다. 과학자들은 처음에는 열을 눈에 보이지 않는 작
은 알갱이의 흐름이라고 생각했습니다. 즉, 과학자들은 열을
운반하는 작은 알갱이라는 뜻에서 열의 입자를 열소(칼로릭,
caloric)라고 불렀습니다.

열소를 가정하면 열의 성질을 어느 정도 설명할 수 있습니
다. 이를테면 열이 고온에서 저온으로 흐르는 것은 열소가
많은 쪽(고온)에서 적은 쪽(저온)으로 흐르는 것으로 설명할
수 있습니다.

하지만 열소를 가정하면 또 다른 의문이 생겨납니다. 왜냐
하면 열소는 다른 알갱이와는 다른 아주 특별한 성질을 가져
야 하기 때문입니다.

물체의 온도가 올라간다는 것은 열소가 많아진다는 것을
의미합니다. 하지만 물체의 온도가 올라간다고 해서 질량이

증가하지는 않습니다. 즉 열의 근원인 열소는 질량이 있어서는 안 된다는 것을 의미합니다. 학자들은 대부분 이런 특별한 성질을 갖는 열소의 존재에 대해 못마땅하게 생각했습니다.

문제는 그것만이 아니었습니다. 가장 심각한 의문을 제기한 사람은 나와 이름이 비슷한 벤저민 톰프슨입니다.

벤저민 톰프슨은 미국 태생의 과학자이자 모험가였습니다. 톰프슨은 미국 독립 전쟁에서 영국 편을 들었다가 영국이 패하고 미국이 독립하게 되자 유럽으로 이민을 갔습니다.

톰프슨은 바이에른의 왕을 위해 대포의 포신을 깎는 일을 감독하였습니다. 그는 말의 힘을 이용하여 드릴을 돌려서 대포 포신의 구멍을 깎았는데 구멍을 깎는 동안 엄청난 열이 발생한다는 것을 발견했습니다. 발생하는 열이 너무 많아 물을 끓이고도 남을 정도였습니다.

처음에 포신이나 포신을 깎는 드릴, 드릴을 돌리던 말도 전혀 뜨겁지 않았습니다. 하지만 얼마 후 포신은 물을 끓일 수 있을 정도로 뜨거워졌습니다. 어디서 이렇게 많은 열소가 쏟아져 나온 것인지 설명할 길이 없었습니다.

줄의 실험

톰프슨이 제기한 의문을 풀어 준 사람은 줄(James Joule, 1818~1889)입니다. 줄은 다음과 같은 실험 장치를 만들어 실험을 하였습니다.

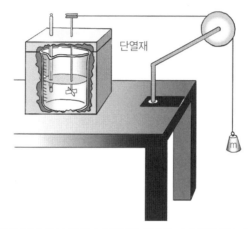

외부로부터 열이 전달되지 않도록 차단된 비커 안의 물속에
회전 날개를 넣어서 돌리면 온도가 올라간다.

그림에서 추는 아래로 떨어지면서 물속에 장치되어 있는 날개를 돌립니다. 날개가 돌아가면 물의 온도는 약간 올라갑니다. 줄은 조심스럽게 실험을 반복하여 올라간 물의 온도를 측정하였습니다.

열을 일의 크기로도
나타낼 수 있단다
1cal=4.2J이야.

우아!
그렇군요.

열의 일당량

줄의 실험은 추가 떨어지면서 날개를 돌린 일이 물의 온도를 올라가게 한다는 것을 보여 주었습니다. 줄은 세심하게 실험을 하여 물체가 일을 하면 온도가 얼마나 올라가는지를 정확하게 계산해 냈습니다.

열운동론

나는 열을 이해하는 데 있어서 줄의 실험의 중요성을 간파하였습니다. 줄의 실험은 열은 열소의 흐름이 아니라 운동 에너지라는 생각을 갖게 하였습니다.

금속을 두들기거나 마찰하면 열이 발생하여 온도가 올라갑니다. 이것은 금속에게 해 준 일이 열로 바뀌는 것이죠. 톰프슨이 제기했던 대포 포신에서 발생하는 열도 마찬가지입니다. 드릴을 돌리느라고 말이 해 준 일이 열로 바뀐 것입니다. 이처럼 열을 열소의 흐름이 아닌 물질을 구성하는 분자나 원자의 운동으로 생각하면 모든 의문이 해결됩니다.

물질을 구성하는 원자나 분자들의 운동은 무질서하고 온도가 올라갈수록 더욱 활발해집니다. 이처럼 열과 관련된 원자나 분자의 운동을 열운동이라고 합니다.

온도란?

열의 정체가 물질을 구성하는 원자나 분자의 열운동이라면 온도는 대체 무엇일까요?

가열 전   가열 후

기체의 온도란 기체 분자들의 평균 열운동 에너지를 측정하는 것입니다.

예를 들어, 방 안의 기온을 잰다고 합시다. 온도계로 방 안의 기온을 잰다는 것은 무엇일까요?

온도계에 와서 부딪치며 전해 주는 기체 분자의 운동 에너지를 측정하는 것입니다. 공기 속의 기체 분자는 무수히 많습니다. 그리고 분자들의 운동 에너지는 제각기 다릅니다.

그렇다면 방 안의 온도를 측정하는 것은 무엇일까요? 공기 분자들이 갖는 평균 운동 에너지를 측정하는 것이 되겠지요?

결국 온도는 물질을 구성하는 원자나 분자가 열운동하는 정도를 나타내는 양이라는 것을 알 수 있습니다. 온도가 높으면 열운동은 활발해지고 온도가 낮으면 열운동은 수그러듭니다.

열 이동의 방향

두 물체가 서로 접촉하여 열 이동이 가능한 상태에 있을 때 열 접촉 상태에 있다고 합니다.

온도가 높고 질량이 매우 큰 물체와 이보다 온도가 약간 더 높고 질량이 훨씬 작은 또 다른 물체가 있다고 합시다. 이 두 물체를 열 접촉시키면 어떻게 될까요? 열은 어디서 어디로 흘러갈까요?

열은 분자들의 총 운동 에너지가 많은 물체에서 적은 물체로 흐를까요?

아닙니다. 열 이동은 총 에너지가 큰 것에서 작은 것으로 이동하는 것이 아닙니다. 온도가 높은 곳에서 낮은 곳으로

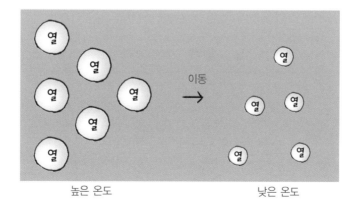

높은 온도   낮은 온도

물질의 열 전달 현상

이동하는 것입니다.

만일 물체 내에 온도가 높은 부분과 낮은 부분이 함께 있다면 어떻게 될까요?

시간이 지나면 온도가 높은 부분에서 온도가 낮은 부분으로 열이 이동하여 결국에는 같은 온도가 됩니다. 여기서 물체의 온도가 다른 부분보다 높다는 것은 그 부분의 분자들의 운동이 다른 곳보다 더 활발하다는 것을 의미합니다.

이렇게 물질 속에 흡수된 열에너지는 여러 가지 형태로 저장됩니다. 일단 물체가 열을 흡수하고 나면 그것은 더 이상 열이라 부르지 않고 그 물체의 내부 에너지라 부릅니다.

과학자의 비밀노트

내부 에너지

물체가 정지하고 있더라도 물체를 구성하는 분자들은 끊임없이 운동하고 있으므로 물체 내부의 분자들은 운동 에너지를 가지고 있다. 뿐만 아니라 분자 상호간에 작용하는 힘에 의한 위치 에너지도 가지고 있다. 이와 같이 물체 내의 분자들이 가지는 운동 에너지와 위치 에너지 및 분자 내부에 저장되는 에너지를 모두 합하여 그 물체의 내부 에너지라고 한다. 내부 에너지는 온도의 함수로 나타낸다.

오랜만에 따뜻한 물속에 있으니까 정말 좋아요.

이런 뜨거운 물속에 들어오면 몸이 왜 따뜻해지는지 알고 있나요?

그야 온도가 높은 물 때문 아닌가요?

어느 정도는 맞는 말이지만 더 정확히 설명하기 위해서는 열에 대해 알 필요가 있어요.

열은 온도와 다른 뜻인가요?

네. 따라서 몸이 따뜻해지는 이유는 뜨거운 물이 몸보다 온도가 높기 때문이라고 표현하는 것이 정확합니다.

따뜻한 기운을 온기, 차가운 기운을 냉기라고 해요. 더운물에 손을 담그면 온기가 전해져 와서 몸이 따뜻해지고, 찬물에 손을 담그면 냉기가 전해져 몸도 차지지요.

과학에서는 이 '온기'를 '열'이라고 부르는데, 열은 뜨거운 곳에서 차가운 곳으로 흘러가는 '어떤 것'이라고 말할 수 있습니다.

뜨거운 곳 ——→ 차가운 곳
열

그럼 온도는 뭔가요?

열은 항상 온도가 높은 곳에서 낮은 곳으로 흘러갑니다. 따라서 온도는 '열이 흘러가야 할 방향을 가리켜 주는 표지'라고 할 수 있습니다.

그럼 온도는 표지판, 열은 자동차로 생각하면 되겠네요.

온도

열 →

3

온도계와 온도 눈금

온도계에는 눈금이 그려져 있습니다.
온도계에 그려져 있는 눈금과 온도의 관계에 대해서 알아봅시다.

3

온도계와 온도 눈금

켈빈이 온도계에 관하여
세 번째 수업을 시작했다.

이번 시간에는 온도를 측정하는 계기인 온도계에 대해서
알아보겠습니다.

오늘날 온도계는 시계처럼 일상에서 널리 쓰이는 계기입니
다. 이처럼 온도계를 널리 사용하게 된 이유는 뭘까요?

무엇보다도 일상에서 온도를 재는 일이 필요했기 때문입니
다. 사람들은 생활을 하면서 매일 매일 날씨를 알고 건강을
유지하기 위해서 기온 측정이나 체온 측정이 필요했습니다.

또한 온도계는 열을 연구하는 데 있어서 가장 중요한 도구
이기도 합니다. 인류는 처음에 원시적인 수렵 생활을 했지만

불을 발견한 이후 문명의 길로 들어서게 되었습니다. 불은 그릇을 굽거나 금속을 제련하는 데 유용하게 이용됩니다. 불을 다루는 것은 곧 열을 다루는 것입니다. 열을 잘 사용하기 위해서는 온도를 알 필요가 있습니다.

인류가 열을 이용해 온 역사는 수천 년이 넘습니다. 하지만 인류가 오늘날과 같은 형태의 온도계를 만들어서 사용하기 시작한 것은 불과 300년밖에 되지 않습니다.

이번 시간에는 온도계가 어떻게 만들어지게 되었으며 온도계의 원리는 무엇인지 알아보도록 하겠습니다.

온도계로 온도를 측정했을 때의 이점

온도계로 온도를 측정하면 어떤 이점이 있을까요?

첫째, 온도를 정확하게 측정할 수 있습니다.

우리는 몸의 온도 감각으로 온도를 어느 정도 알아낼 수 있습니다. 하지만 감각만으로 정확한 온도를 알아내기는 어렵습니다.

예를 들어, 온도가 약간 다른 두 물체의 온도를 몸의 온도 감각만으로 알아내는 것은 쉽지 않습니다. 하지만 온도계를 이용하면 아주 미세한 온도 차이까지 알아낼 수 있는 장점이 있습니다.

둘째, 온도를 보다 객관적으로 측정할 수 있습니다.

몸의 온도 감각은 상대적입니다. 예를 들어, 찬 곳에 있다가 더운 곳에 들어가면 따뜻하게 느낍니다. 하지만 조금 지나면 더 이상 따뜻한 것을 느끼지 못합니다.

다시 말해 몸의 온도 감각은 주위 온도에 순응이 일어나기 때문에 객관적으로 온도를 측정하기에 어려운 단점이 있습니다.

하지만 온도계를 사용하면 객관적으로 온도를 측정할 수 있는 이점이 있습니다.

셋째, 온도를 눈으로 보여 줍니다.

온도 감각은 항상 체험을 통해 알 수 있는 것입니다. 하지만 때로는 온도를 다른 사람에게 전해 줘야 할 필요가 있을 때가 있습니다. 하지만 우리가 느끼는 따뜻함이나 차가운 정도를 다른 사람에게 전해 줄 수는 없습니다. 이런 경우에 온도계는 온도를 수치로 표시하기 때문에 편리합니다.

그뿐이 아닙니다. 우리는 모든 온도를 항상 체험을 통해서 알 수는 없습니다. 예를 들어, '얼음이 얼마나 차가운가?' 또는 '물이 얼마나 뜨거운가?' 하는 것을 항상 손으로 만져 보거나 몸으로 접촉하여 알아낼 수만은 없기 때문입니다.

너무 차가운 것에 직접 접촉하면 동상에 걸릴 위험이 있으며, 반대로 너무 뜨거운 것에 직접 접촉하면 큰 화상을 입게 됩니다.

이런 경우에 온도계는 매우 편리한 도구가 됩니다. 물체가 얼마나 차갑고 또 얼마나 뜨거운지 그 정도를 수치로 통해서 정확하게 나타내 보여 주기 때문입니다. 이런 의미에서 온도계는 보이지 않는 열이라는 존재를 눈으로 보여 주는 도구라 할 수 있습니다.

온도계의 원리

우리가 일상에서 널리 사용하는 온도계는 수은 온도계와 알코올 온도계입니다.

수은 온도계나 알코올 온도계는 모두 아래쪽에 유리로 만든 작은 공처럼 생긴 부분이 있고 그 위로 가느다랗고 긴 유리관이 붙어 있습니다. 그 안에는 수은이나 알코올이 들어 있습니다.

수은이나 알코올은 온도가 올라가면 부피가 팽창하고 또

온도가 내려가면 수축하는 성질이 있습니다. 이 성질을 이용하여 수은이나 알코올을 가는 유리관 속에 넣고 밀봉한 후 적당히 눈금을 매겨 표시한 것이 수은 온도계와 알코올 온도계인 것입니다.

수은이나 알코올뿐만 아니라 대부분의 물질은 온도가 올라가면 부피가 팽창하고 온도가 내려가면 수축합니다. 또 물질은 온도에 따라 부피가 변하는 것 외에도 성질이 변하기도 합니다. 온도에 따라 변하는 물질의 성질을 이용하면 다양한 온도계를 만들 수 있습니다.

최초의 온도계

온도계를 처음으로 고안한 사람은 갈릴레이(Galileo Galilei, 1564~1642)입니다. 갈릴레이는 1592년경 온도가 올라가면 공기가 팽창하는 성질을 이용하여 온도계를 만들었습니다. 이 온도계는 공기를 이용하므로 공기 온도계라고 할 수 있습니다.

갈릴레이는 가열된 공기가 든 유리관을 물그릇 속에 거꾸로 세워 놓고 온도에 따라 물기둥의 높이가 변하는 성질을 이

공기

최초로 갈릴레이가 만든 온도계

방이 따뜻해지면 유리관 속의 공기는 팽창하므로 물의 높이는 내려가고, 반대로 방이 추워지면 유리관 속의 공기가 수축하여 물의 높이가 올라간다. 물 높이를 측정함으로써 방 안의 온도를 잴 수 있다.

용하여 온도를 표시하도록 하였습니다.

갈릴레이가 만든 공기 온도계는 최초로 온도를 측정하는 기구였다는 점에서 주목을 받았습니다. 하지만 온도 변화에 빨리 반응하지 못하는 단점이 있었습니다. 게다가 온도 변화와 대기압이 함께 변하기 때문에 정확한 온도를 나타내기가 힘들었습니다.

알코올 온도계의 등장

1654년에 토스카나의 페르디난드 2세는 갈릴레이 온도계를 개량하여 대기압의 영향을 받지 않는 온도계를 고안했습니다. 그것은 작은 공 모양의 둥근 용기 속에 얇은 관을 꽂고 그 속에다 액체를 넣은 것으로, 용기 안에는 공기가 전혀 들어 있지 않았습니다.

액체는 기체만큼 많이 팽창하거나 수축하지는 않지만 조금만 팽창하고 수축해도 관 속에 든 액체의 높이 변화를 확인할 수 있어서 편리했습니다.

오늘날 널리 사용되고 있는 온도계의 원형이라 할 수 있는 것은 피렌체의 학자들이 갈릴레이가 만든 공기 온도계를 개량하여 만든 알코올 온도계입니다.

이 온도계는 알코올을 사용함으로써 온도 변화에 민감하지 못한 공기 온도계의 단점을 해결할 수 있었습니다.

하지만 알코올은 온도 변화에 너무 민감한 것이 오히려 단점이 되기도 했습니다. 알코올은 미세한 온도 변화에도 쉽게 온도가 변합니다. 그래서 환자의 체온을 재는 경우 온도가 너무 빨리 변하므로 효율적으로 사용하지 못했습니다.

수은 온도계의 등장

그 당시까지 온도계의 재료로 주로 사용된 물질은 물과 알코올이었습니다. 물은 얼음이 어는 온도 이하를 측정할 수 없다는 단점이 있었습니다. 이 때문에 추운 겨울날에는 물이 얼어붙기 때문에 물을 사용한 온도계는 온도계로서의 기능을 잃게 되었습니다.

또 알코올 온도계는 물이 끓는 온도 근처나 그 이상의 온도를 측정할 수 없는 단점이 있었습니다. 알코올은 끓는점이 낮아서 쉽게 기화하므로 80℃ 이상의 온도를 측정하기에는 곤란했기 때문입니다.

이러한 문제를 개선하기 위해서 1714년 독일계 네덜란드 물리학자인 파렌하이트(Daniel Gabriel Fahrenheit, 1686~1736)는 알코올 대신 수은을 이용한 수은 온도계를 고안해 냈습니다. 수은은 금속이지만 상온에서 액체 상태로 있기 때문에 높은 온도(350℃)까지 측정이 가능했습니다.

온도 눈금

어느 온도계든 온도계에는 눈금이 매겨져 있습니다. 온도계의 눈금은 어떻게 매겨진 것일까요? 온도계의 눈금을 정하기 위해서는 기준점이 필요합니다. 일반적으로 물질의 끓는점과 어는점은 압력이 일정할 때 변하지 않는 성질이 있으므로 이것을 온도의 정점으로 이용합니다.

온도계의 기준점과 눈금을 등분하는 방법에 따라 여러 가지 온도 척도가 있을 수 있습니다.

화씨 온도

파렌하이트는 수은이 가득 든 수은구에 진공 상태의 가는 관을 연결하여 수은이 관을 따라 올라가도록 만들고 눈금을 매겨 온도계를 만들었습니다.

파렌하이트는 소금물(얼음과 소금의 비율이 3 : 1, 더 정확하게는 소금이 얼음의 24.8%)이 어는 온도를 0으로 하고, 양의 체온(38℃)을 100으로 하여 눈금을 매겨 기준을 삼았습니다. 파렌하이트가 사용한 온도 눈금은 오늘날 화씨 온도라 불리게 되었습니다.

섭씨 온도

화씨 온도는 0이나 100의 기준점이 명확하지 않은 불편한 점이 있습니다. 이 때문에 스웨덴의 천문학자인 셀시우스 (Anders Celsius, 1701~1744)는 1742년에 좀 더 엄밀한 기준점을 정해서 새로운 온도 눈금을 만들었습니다.

그것은 1기압 상태에서 물의 끓는점을 0, 어는점을 100으로 하고 그 사이를 100등분하는 온도 눈금을 사용하였습니다. 5년 후 웁살라 대학의 교수들은 물의 어는점을 0℃, 끓는점을 100℃로 온도 척도를 바꾸었습니다. 이렇게 정해진 온도 눈금을 섭씨 온도라고 합니다. 온도계의 눈금을 만드는 방법은 온도계를 녹는 얼음 속과 끓는 물속에 넣어서 그때마다 수은주의 높이에 눈금을 매기고 그 사이를 100등분하여 표시하면 됩니다.

셀시우스가 도입한 섭씨 온도는 기준이 분명한 과학적 온도 눈금이었기 때문에 과학 논문에 널리 사용되었습니다. 오늘날 대부분의 나라에서 사용하는 온도 눈금은 섭씨 온도입니다. 화씨 온도는 미국이나 영국에서 주로 사용되고 있습니다.

섭씨 온도와 화씨 온도

섭씨 온도와 화씨 온도는 사용하는 단위 기호가 다릅니다. 섭씨 온도는 섭씨 온도를 고안한 셀시우스의 C를 따서 ℃라는 기호를 사용하는 반면, 화씨 온도는 화씨 온도를 고안한 파렌하이트의 F를 따서 ℉라는 기호로 표기합니다.

오늘날 화씨 온도는 예전의 기준을 버리고 1기압 상태에서 물이 어는 온도를 32℉로, 물이 끓는 온도를 212℉로 정하고 그 사이를 180등분하여 정해집니다.

기준이 명확해졌으므로 우리는 섭씨 온도를 화씨 온도로, 화씨 온도를 섭씨 온도로 바꿀 수 있습니다.

섭씨 온도를 C라고 하고 그에 해당하는 화씨 온도를 F라고 하면, 섭씨 온도를 화씨 온도로 바꾸는 식은 다음과 같습니다.

$$F = \frac{9}{5}C + 32$$

또 이 식을 반대로 하여 C에 대해서 풀게 되면 화씨 온도를 섭씨 온도로 바꾸는 식을 얻을 수 있습니다.

$$C = \frac{5}{9}(F - 32)$$

	화씨 온도(℉)	절대 온도(K)	섭씨 온도(℃)
물의 끓는점	212 200	373.15	100 80
	140 120		60 40
체온	98.6 80	310.15	37 20
물의 어는점	40 32	273.15	0
	0		-20
	-40	233.15	-40

온도 눈금의 비교

체온은 정상이네요. 잠시 안정을 취하시면 될 거예요.

선생님, 너무 무리하셨나 봐요.

근데 선생님, 체온을 재는 온도계는 누가 발명한 건가요?

온도계를 발명한 것은 갈릴레이입니다. 그는 온도가 올라가면 공기가 팽창하는 성질을 이용하여 온도계를 만들었습니다.

이 온도계는 공기를 이용하므로 공기 온도계라고 할 수 있습니다. 하지만 온도 변화에 빨리 반응하지 못하고, 대기압 때문에 정확한 온도를 측정할 수 없었답니다.

공기

그 후에 페르디난드 2세가 갈릴레이의 온도계를 개량하여 대기압의 영향을 받지 않는 온도계를 고안했습니다.

독일계 네덜란드 물리학자인 파렌하이트는 알코올 대신 수은을 이용한 수은 온도계를 고안해 냈답니다.

온도계가 정말 다양하게 변해 왔네요.

4

절대 온도,
온도의 상한과 하한

가장 낮은 온도는 몇 도일까요?
온도의 높음과 낮음이 우리에게 어떤 영향을 끼치는지 알아봅시다.

4

절대 온도,
온도의 상한과 하한

켈빈이 지난 시간에 이어
온도 눈금의 종류에 대하여
네 번째 수업을 시작했다.

온도계에 사용하는 온도 눈금은 섭씨 온도와 화씨 온도만
있는 것은 아닙니다. 과학 분야에서 사용되는 온도 눈금은
절대 온도입니다. 이번 시간에는 절대 온도에 대해서 알아보
겠습니다.

가장 낮은 온도는 몇 ℃일까요?

한국에서 기온이 가장 낮게 내려가는 때는 아무래도 겨울철입니다. 겨울철에 기온이 0℃ 이하로 내려가면 바깥에 놓아둔 물이 얼기도 하고 심하면 강물이 얼기도 합니다.

하지만 한국의 겨울은 그렇게 춥지는 않아서 −10℃ 이하로 내려가는 날이 많지는 않습니다. 하지만 지구상에서 가장 추운 곳인 북극이나 남극은 심한 경우 −89℃까지 온도가 내려가기도 합니다. 이렇게 낮은 온도는 우리가 직접 체험해 보지는 못했지만 지구상에 존재할 수 있는 그런 온도입니다.

그런데 여기서 생겨나는 의문은 '온도는 도대체 얼마나 내려갈 수 있는가?' 하는 것입니다. 온도는 한없이 내려갈 것 같지만 끝없이 내려가지는 않는다는 것이 과학적으로 밝혀졌습니다. 온도는 −273℃(조금 더 정확하게는 −273.16℃, 화씨온도로는 −459.67°F)까지만 내려갈 수 있고 그 밑으로는 내려갈 수 없다고 밝혀졌습니다. 이것은 다시 말하자면 온도는 −273℃는 있어도 −274℃나 그 이하의 온도는 없다는 말이 됩니다.

절대 영도란?

과학자들은 물질이 도달할 수 있는 가장 낮은 온도가 존재한다는 것을 어떻게 알게 되었을까요?

그것은 기체를 냉각시킬 때 나타나는 현상 때문입니다. 기체는 온도를 낮추어 가면 부피가 계속 줄어드는 현상을 보입니다.

이러한 현상은 기체의 종류와 상관없이 나타납니다. 만일 압력을 일정하게 하면 모든 기체는 −273℃(조금 더 정확하게는 −273.16℃)라는 온도에서 부피가 0이 될 것으로 기대됩니다. 기체의 부피가 0이 된다는 것은 기체가 없어지는 것이죠. 물론 실제로 기체를 이 온도까지 낮출 수는 없습니다. 왜냐하면 모든 기체는 그 온도에 도달하기 전에 액체나 고체로 응축되기 때문입니다.

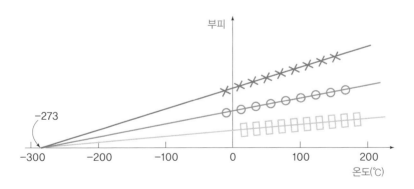

기체 온도와 부피와의 관계를 거꾸로 연장하면 기체의 종류와 관계없이
온도 축 상의 한 점(절대 영도)에서 만난다.

하지만 이와 같은 온도의 하한선은 분명히 존재합니다. 물체는 원자로 이루어지고 원자들은 그 나름대로 운동(열운동)하고 있습니다. 만일 물체의 열운동을 감소시키면 온도가 내려갑니다. 물체의 열운동이 0에 가까워짐에 따라 원자의 운동 에너지도 0에 가까워지고 물질의 온도도 가장 낮은 한계 온도에 도달하게 됩니다. 따라서 이 한계가 온도의 하한입니다. 이론적으로 볼 때 이 온도는 모든 분자 운동이 정지하는 가장 낮은 온도가 됩니다.

절대 온도(켈빈 온도) 눈금이란?

나는 만일 온도가 내려갈 수 있는 어떤 하한이 존재한다면 이 온도를 0(절대 영도)으로 하는 온도 눈금을 정해 쓰면 편리하다는 제안을 하였습니다.

이러한 나의 제안에 따라 정해진 온도 눈금을 절대 온도(絶對溫度, Absolute Temperature)라고 합니다. 절대 온도는 내 이름을 따서 켈빈 온도라고도 하고, 열역학적 온도라 불리기도 합니다.

절대 온도는 섭씨 온도와 0의 기준점이 다를 뿐 눈금 간격은 동일합니다. 절대 온도의 단위 기호는 K라고 쓰는데, 이 것은 내 이름의 첫 글자를 딴 것입니다. K는 '켈빈'이라고 읽습니다.

섭씨 온도와 절대 온도

섭씨 온도를 어떻게 절대 온도로 바꿀 수 있을까요?

그것은 매우 간단합니다. 섭씨 0℃는 절대 온도로 273.15K에 해당하므로 섭씨 온도에 273.15를 더해 주면 되는 것입니다.

따라서 만일 섭씨 온도를 C라고 하면, 절대 온도 K는 다음과 같이 계산하면 됩니다.

$$K = C + 273.15$$

그러면 반대로 절대 온도를 어떻게 섭씨 온도로 바꿀까요? 그것은 반대로 절대 온도에서 273.15를 빼 주면 되겠죠. 따라서 만일 절대 온도를 K라고 한다면, 그에 해당하는 섭씨 온도 C는 다음과 같이 계산됩니다.

$$C = K - 273.15$$

온도는 어디까지 올라갈까요?

온도가 내려갈 수 있는 한계가 있다면 온도가 올라갈 수 있는 한계도 있을까요?

온도가 올라가면 물질을 구성하고 있는 원자의 열운동도 활발해집니다. 원자의 열운동이 커지면 물체의 온도는 계속 올라갑니다.

그런데 이런 온도의 상한선은 없는 것으로 밝혀졌습니다. 다음 표는 자연계에 존재하는 여러 온도를 나타낸 것입니다. 이 표에서 볼 수 있듯이 아래쪽 온도는 $\frac{1}{100}$K, $\frac{1}{1,000,000}$K 이렇게 한없이 0에 가까이 다가갈 뿐입니다. 하지만 온도의 위쪽은 1만 K, 100만 K, 10억 K로 끝없이 올라가는 것을 볼 수 있습니다.

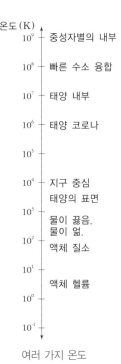

온도(K)
10^9 ─ 중성자별의 내부
10^8 ─ 빠른 수소 융합
10^7 ─ 태양 내부
10^6 ─ 태양 코로나
10^5 ─
10^4 ─ 지구 중심
          태양의 표면
10^3 ─ 물이 끓음.
          물이 얾.
10^2 ─ 액체 질소
10^1 ─
          액체 헬륨
10^0 ─
10^{-1} ─

여러 가지 온도

우주의 온도

과학자들의 연구에 의하면 우주는 뜨거운 불덩어리로부터 시작되어 계속 식어 왔다고 합니다.

우주는 상상할 수 없을 정도로 뜨거운 온도에서 팽창을 시작했습니다. 과학자들이 상상하는 우주의 시작 온도는 10^{32}K 가 넘었다고 합니다. 그 후 우주는 계속 팽창하며 식어 왔습니다. 현재의 우주는 엄청나게 팽창하여 우주의 평균 온도는 7K가 되었을 정도로 싸늘하게 식었다고 하는군요. 물론 우주의 모든 부분이 싸늘하게 식은 것은 아니죠. 우주에서 뜨거운 곳은 별 주변입니다. 그리고 별로부터 멀어질수록 우주는 차가운 상태에 있습니다.

우리가 살고 있는 태양계에서 가장 뜨거운 곳은 태양의 중심이며 그 온도는 1,500만 ℃에 이를 정도로 뜨겁습니다.

그리고 태양의 중심으로부터 멀어질수록 온도는 낮아집니다. 태양의 표면 온도는 약 6,000℃에 불과합니다.

그리고 태양으로부터 멀어질수록 온도는 낮아집니다. 하지만 태양 가까이 있는 수성이나 금성은 지구보다 훨씬 온도가 높습니다. 반면 태양으로부터 멀리 떨어져 있는 화성은 평균 온도가 −50℃ 정도이며, 가장 멀리 떨어져 있는 해왕성은 −200℃ 정도로 매우 차가운 행성입니다.

과학자의 비밀노트

샤를의 법칙

압력이 일정할 때 기체의 부피는 종류에 관계없이 온도가 1℃ 올라갈 때마다 0℃일 때 부피의 1/273씩 증가한다는 법칙이다. 즉, 일정한 압력에서 기체의 부피는 그 종류와는 관계없이 절대 온도에 정비례한다는 법칙이다. 이 법칙은 1787년의 샤를(Jacques Charles, 1746~1823)의 미발표 논문을 인용하여 1802년 게이뤼삭(Joseph Gay－Lussac, 1778~1850)이 발표하였다.

오늘은 너무 추워요. 온도는 도대체 얼마나 내려갈 수 있나요?

온도는 한없이 내려갈 것 같지만 한계가 있다는 것이 과학적으로 밝혀졌습니다.

한계 온도는 얼마인가요?

−273℃까지만 내려갈 수 있고, 그 밑으로는 내려갈 수 없답니다.

−273℃라는 한계 온도가 존재한다는 것을 어떻게 알게 되었을까요?

그것은 기체를 냉각시킬 때 나타나는 현상 때문입니다. 기체는 온도를 낮추어 가면 부피가 계속 줄어드는 현상을 보입니다.

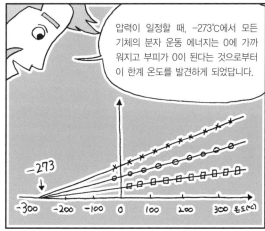

압력이 일정할 때, −273℃에서 모든 기체의 분자 운동 에너지는 0에 가까워지고 부피가 0이 된다는 것으로부터 이 한계 온도를 발견하게 되었답니다.

그리고 나는 이 온도를 기준으로 눈금을 정해 쓰면 편리할 것 같아 절대 온도(켈빈 온도)라는 것을 만들었지요.

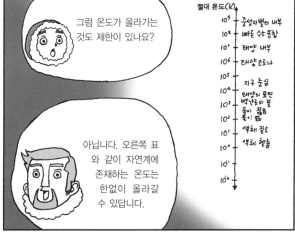

그럼 온도가 올라가는 것도 제한이 있나요?

아닙니다. 오른쪽 표와 같이 자연계에 존재하는 온도는 한없이 올라갈 수 있답니다.

5

온도와 열 전달

온도는 열을 전달하는 성질이 있습니다.
물체와 물체 간에 열이 전달되는 이유는 무엇인지 그 이유를 알아봅시다.

5

다섯 번째 수업
온도와 열 전달

켈빈이 온도가 변하는
경우를 설명하면서
다섯 번째 수업을 시작했다.

더운물과 찬물을 섞으면 미지근한 물이 됩니다. 뜨거운 커피에 찬 크림을 넣으면 커피의 온도는 내려가고 크림의 온도는 올라갑니다. 이것은 온도가 높은 쪽에서 낮은 쪽으로 흘러가는 열의 흐름이 있기 때문입니다.

열은 어떻게 흘러가는 걸까요?

과학자들이 열이 전달되는 방법을 연구한 결과 열의 전달 방법에는 전도, 대류, 복사 3가지가 있다는 것을 알게 되었습니다.

하지만 실제 일어나는 열 전달은 이 중 어느 한 가지 방법

뜨거운 커피에 찬 크림을 섞으면 커피는
온도가 내려가고 크림의 온도는 올라간다.

으로만 일어나기보다는 3가지 방법이 복합적으로 작용하여
일어나는 경우가 많습니다.

그러면 이제부터 열이 전달되는 3가지 방법에 대해서 하나
씩 알아보기로 하죠.

열전도

열이 전달되는 첫 번째 방법은 물체 간의 직접적인 접촉을
통해서 전달되는 것입니다.

예를 들면, 뜨거운 방바닥에 앉아 있으면 엉덩이가 뜨거워지
는 것을 느낄 수 있습니다. 이것은 두 물체 사이에는 온도의 차
이가 있어서 열(에너지)이 흐르는 방식입니다. 이것을 열전도라

부릅니다.

열전도의 또 다른 예는 금속 막대의 한쪽 끝을 불로 가열하면 얼마 안 있어 막대의 반대쪽 끝까지 뜨거워지는 것을 볼 수 있습니다.

위와 같이 열전도는 방바닥과 엉덩이처럼 서로 다른 물질 간의 접촉에서도 일어날 수 있지만 같은 물질(금속 막대) 내에서도 일어날 수 있습니다. 물론 열전도는 또 다른 제3의 물체를 통해 일어나기도 합니다.

열전도율

물질에 따라 열을 전도하는 성질은 다릅니다. 물질이 열전도를 얼마나 잘하는가 하는 정도를 측정한 값을 열전도율이라고 합니다. 다음의 표는 여러 가지 물질의 열전도율을 나타낸 것입니다.

금속은 나무나 플라스틱보다 훨씬 열전달을 잘하므로 열전도율이 매우 큽니다.

금속과 같이 열전도율이 큰 물질을 열의 양도체라고 합니다. 대부분의 금속들은 대체로 열을 잘 전달하는 열의 양도체들입니다.

반면에 나무나 스티로폼, 섬유 등과 같은 비금속 물질은 열

물질	열전도율	비 고
은	0.99	열전도율이 가장 크다.
구리	0.92	열 배관에 많이 쓰인다.
알루미늄	0.49	
놋쇠	0.26	
철	0.17	
콘크리트	0.002	
유리	0.002	
얼음	0.005	
석면	0.0002	단열재로 많이 쓰인다.
목재	0.0002	
물	0.0014	
알코올	0.0005	
공기	0.000057	

전달을 잘하지 못하므로 열전도율이 매우 작습니다. 열전도
율이 작은 물질을 열의 절연체(부도체)라고 합니다.

열의 양도체와 부도체

열의 양도체들은 대부분 금속입니다. 금속은 열뿐만 아니
라 전류도 잘 전달합니다. 금속 중에서도 열을 가장 잘 전달
하는 것은 은입니다. 그 다음으로는 구리, 알루미늄 등의 순
서입니다.

열의 부도체는 나무나 스티로폼, 섬유 등과 같은 비금속들입니다. 열을 잘 전달하지 않는 물질은 열 흐름을 차단하거나 화재를 막는 재료로 유용하게 쓰입니다. 이런 재료를 열의 절연체 또는 단열재라고 합니다. 단열재는 집 안의 열이 밖으로 달아나는 것을 막는 보온용 건축 자재로도 활용됩니다.

다리미나 주전자의 손잡이는 왜 플라스틱으로 만들까요? 플라스틱은 열을 잘 전달하지 않는 단열재이기 때문입니다.

단열재

열의 양도체는 반대로 말하면 나쁜 열 절연체라고 할 수 있습니다.

일반적으로 액체와 기체는 좋은 단열재입니다. 공기도 좋은 단열재입니다. 동물의 모피나 새의 깃털이 보온이 잘되는 이유는 그 속에 작은 빈 공간이 많기 때문입니다. 이 때문에 동물들이 추운 겨울을 잘 견딜 수가 있는 것입니다.

석면이나 유리솜같이 작은 구멍이 많아 공기를 가두고 있는 다공성 물질도 단열 효과가 뛰어납니다. 그 안에 갇힌 많은 공기 주머니들이 단열재의 역할을 하기 때문입니다.

단열재를 주택의 바닥이나 천장, 벽에 사용하면 집으로부터 바깥으로 빠져나가는 열의 손실을 줄일 수 있습니다. 또 같

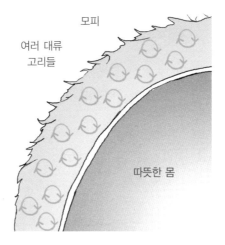

모피

여러 대류
고리들

따뜻한 몸

모피 속의 공기층

은 단열재라도 두께가 두꺼울수록 단열 효과는 좋아집니다.

눈도 좋은 단열재가 될 수 있습니다. 눈송이의 결정은 많은 빈 공간을 포함하고 있어 열이 바깥으로 빠져나가는 것을 막아 주기 때문입니다. 그래서 에스키모 인들이 집을 지을 때 눈을 사용하는 것입니다.

이제 퀴즈를 하나 내보겠습니다.

똑같은 조건에 나란히 서 있는 두 집이 있습니다. 그런데 두 집의 지붕을 보니 한쪽 집에는 눈이 쌓여 있고 한쪽 집은 눈이 완전히 녹았습니다. 어느 집이 단열이 잘되는 집일까요?

__눈이 녹은 집이요.

틀렸습니다. 답은 그 반대입니다. 왜 그럴까요?

단열이 잘되는 집일수록 열이 밖으로 빠져나가지 않겠죠? 그러면 지붕 위에 쌓인 눈이 더 오래가지 않겠습니까?

어느 것이 더 차가울까요?

추운 겨울날 바깥에 둔 쇳덩어리와 나무토막을 잡을 때 어느 것이 더 차가운가요?

__쇳덩어리요.

그러면 왜 쇳덩어리가 더 차가울까요?

쇳덩어리가 나무토막보다 온도가 더 낮기 때문이에요.

__정말 그럴까요?

아닙니다. 우리가 생각한 것과 달리 두 물체의 온도는 서로 같습니다.

두 물체는 바깥에 밤새도록 놓아두었기 때문에 온도는 분명히 같습니다. 그것은 온도계로 측정해 보아도 마찬가지입니다.

하지만 분명히 쇳덩어리를 손으로 잡아 보면 얼어붙을 듯이 차갑게 느껴집니다. 그 이유는 무엇 때문일까요?

답은 열전도율에 차이가 있기 때문입니다.

금속은 나무보다 열을 잘 전달하기 때문에 우리 손의 열이

빨리 빠져나갑니다. 그래서 나무토막을 쥐었을 때보다 금속을 쥐었을 때 손이 더 빨리 차가워지므로 금속이 더 차갑게 느껴지는 것입니다. 이때 손바닥에 있는 수분이 얼어붙기까지 하므로 손이 쇳덩어리에 찰싹 달라붙는 느낌을 받게 됩니다.

이처럼 온도계로 측정한 온도가 같을지라도 재질에 따라 감각으로 느껴지는 온도가 다를 수 있습니다.

늦가을이 되면 이른 아침 풀잎에 하얗게 서리가 내린 것을 볼 수 있습니다. 그런데 자세히 살펴보면 서리는 땅에 있는 풀, 짚, 나무 등에는 내리지만 쇠붙이, 돌, 콘크리트 등에는 없는 것을 볼 수 있습니다. 그 이유는 뭘까요?

서리는 공기 중의 수증기가 얼어붙은 것입니다. 쇠붙이나 돌에 서리가 내리지 않는 이유는 이들은 열전도율이 크기 때문에 수증기가 얼어붙기 전에 열이 전도되어 데워지기 때문입니다.

열전달의 또 다른 방식은 열에너지를 가진 분자들이 직접 이동하여 열을 전달하는 것입니다.

집 안의 난방에 쓰이는 보일러가 대표적인 예입니다. 보일러에서 가열된 물이 직접 방으로 이동해 와서 라디에이터를 데워 주는 것입니다. 이러한 열전달 방식을 대류라고 부릅니다.

주전자의 물이 끓는 과정도 대류에 의한 것입니다. 주전자의 바닥에서 뜨거워진 물 분자들은 위로 올라와서 열을 전달하고 차가워진 물은 아래로 내려가서 데워지는 과정이 반복됩니다.

집 안을 데우는 주요한 방법도 대류입니다. 라디에이터 등과 같은 전열 기구에 의해 데워진 공기는 가벼워서 벽을 따라 위로 올라가고 찬 공기는 반대편으로 내려옵니다. 이렇게 하여 방 안에는 공기의 흐름이 생겨나서 열전달이 됩니다.

대류의 존재는 다음과 같은 실험을 통해서 알 수 있습니다. 촛불을 켜 놓고 촛불 바로 위쪽으로 손을 가져가면 뜨거운 열기를 느낄 수 있습니다. 하지만 촛불 주위를 손으로 감싸 쥐면 촛불 위로 손을 가져갔을 때보다는 더 가까운 거리까지 다가가도 뜨겁지 않습니다. 그 이유는 무엇 때문일까요?

바로 대류 때문입니다. 촛불은 대류에 의해서 주위에 있는 공기를 데웁니다. 이 때문에 촛불 바로 위로는 뜨거워진 공기가 상승하여 뜨겁습니다. 하지만 촛불 주위는 차가운 공기가 계속 흘러들어오므로 온도가 낮아집니다.

대류는 물이나 공기뿐 아니라 모든 유체에서 일어납니다. 유체는 뜨거워지면 팽창하고 밀도가 작아져서 위쪽으로 떠오르고, 차가워지면 아래로 가라앉는 성질을 가졌기 때문입니다.

바람은 왜 생길까요?

바람은 대기의 대류 현상으로 나타납니다. 지구는 태양으로부터 오는 열에 의해 데워집니다. 그런데 태양열의 흡수는 지표면에 따라 달라지고 이로 인해 지역에 따라 공기가 가열되는 정도가 달라집니다. 그 결과로 대기의 대류 현상이 나타나는데, 이것이 바람입니다.

이러한 현상이 뚜렷하게 나타나는 곳은 바닷가입니다. 낮 동안에는 육지면이 해수면보다 빨리 데워지므로 육지 쪽에 상승 기류가 생깁니다. 이 때문에 생긴 공백을 바다로부터 흘러들어오는 공기가 채우므로, 낮에는 바람이 바다에서 육지로 불게 됩니다.

하지만 밤이 되면 반대로 육지가 빨리 식어 가므로 오히려 해수면보다 온도가 내려가 해수면에서 상승 기류가 생겨서 육지 쪽에서 바다 쪽으로 바람이 불게 됩니다.

구름은 왜 생길까요?

공기는 위쪽으로 상승하게 되면 팽창을 합니다. 왜냐하면 고도가 높아질수록 대기압이 줄어들기 때문입니다. 그리고 공기는 팽창하면서 온도가 내려가는 성질이 있습니다. 이 때문에 위로 상승하는 공기는 온도가 내려가게 됩니다.

이와 같이 온도가 내려가면 공기 속에 있던 수증기가 응결되어 작은 물방울이 생기는데, 이것이 구름입니다.

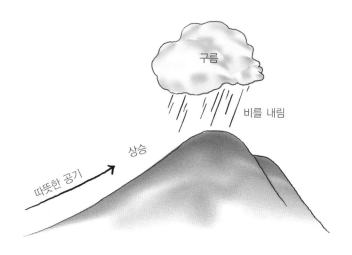

복사

열이 전달되는 또 다른 방법은 복사입니다. 난로 등의 발열체에 손을 가까이 가져가면 주위 공기가 따뜻하지 않아도 손이 뜨거워지는 것은 이 때문입니다.

또한 태양과 지구 사이의 공간이 거의 진공 상태인데도 대량의 태양열이 지상에 도달하는 것은 열이 복사선의 형태로 운반되기 때문입니다. 밤이 되면 물체가 점점 차가워지는 이유도 태양으로부터의 열복사 대신 지상으로부터 하늘을 향해 열이 복사되기 때문입니다.

지구가 받는 열에너지는 대부분 태양으로부터 오는 것입니다. 만약 지구가 태양으로부터 열에너지를 받지 못한다면 어떻게 될까요? 지구는 매일매일 식어 가서 냇물도 강물도 그리고 바닷물도 얼어붙을 것입니다. 그리고 결국에는 모든 것이 얼어붙고 말 것입니다.

지구는 태양으로부터 어마어마하게 멀리(1억 5,000만 km) 떨어져 있습니다. 더구나 태양과 지구 사이는 거의 아무것도 없는 빈 공간입니다.

따라서 태양의 열에너지는 앞에서 배운 전도나 대류의 방법으로는 전해질 수 없다는 것을 알 수 있습니다. 왜냐하면 전도는 열을 전달하는 제3의 물질이 있어야 하고, 대류는 물질 자체가 순환해야 하기 때문입니다.

만일 전도나 대류에 의해서 태양열의 전달이 된다고 하더라도 꽤 많은 시간이 걸립니다. 다시 말해 태양이 떠오르면 바로 전달되는 것이 아니라 오랜 시간이 지나고 난 후에 전달되게 되는 것이죠. 하지만 실제는 그렇지 않습니다. 태양이 떠오르면 우리는 바로 따스함을 느끼고 태양이 지고 나면 바로 서늘해짐을 느낍니다.

복사에 의한 열 전달 방식은 대류나 열전도와는 달라서, 주위에 열을 중개하는 물질 없이도 빛과 동일한 속도로 순간적으로 고온체로부터 저온체로 열이 전달됩니다. 또 빛과 마찬가지로 반사판으로 열의 방향을 바꿀 수 있는 특성이 있습니다.

복사는 열에너지를 전달하는 매개 물질이 필요 없습니다. 마치 방송국에서 내보낸 전파가 공간을 전파해 오듯이 그렇게 열에너지가 전해 오는 것이 복사입니다. 이 때문에 태양열은 아무것도 없는 우주 공간을 지나서 지구로 올 수 있는 것입니다.

복사의 또 다른 예는 난롯가에서 난로를 쬘 때 느낄 수 있습니다. 난로 가까이 다가가면 뜨거움을 느낍니다. 이는 난로로부터 나오는 열에너지가 복사를 통해 전해 오기 때문입니다.

열을 포함하여 복사에 의해 전달되는 모든 에너지를 복사에너지라 부릅니다. 복사 에너지는 전자기파의 형태로 존재합니다. 전자기파에는 전파, 마이크로파, 적외선, 가시광선, 자외선, X선, 감마선 등이 포함됩니다.

모든 물체는 절대 영도가 아닌 한 반드시 복사 에너지를 방출하며 여러 가지 혼합된 전자기파를 방출합니다. 그리고 방출되는 전자기파는 온도에 따라 달라집니다. 온도가 낮은 저온의 물체는 파장이 긴 전자기파를 방출합니다. 반면에 온도가 높은 고온의 물체는 파장이 짧은 전자기파를 방출합니다.

일상에서 볼 수 있는 물체들은 대부분 비교적 파장이 짧은 적외선을 방출합니다. 적외선은 우리의 살갗에 흡수되어 열을 느끼게 하므로 적외선 복사는 열복사라고도합니다.

별의 색깔은 왜 다를까요?

우리가 보는 하늘의 태양은 노란색입니다. 태양은 왜 노랗게 보이는 걸까요? 밤하늘에 빛나는 별들도 유심히 살펴보면 저마다 색깔이 다릅니다. 겨울철 밤하늘에서 볼 수 있는 오리온자리의 가장 밝은 별인 베텔게우스라는 별은 붉은색으로 보입니다. 하지만 그 반대쪽에 보이는 2번째로 밝은 별인 리겔이라는 별은 푸른색으로 보입니다. 별의 색깔은 왜 서로 다른 걸까요?

이것은 온도에 따라 많이 나오는 빛의 파장대가 달라지기 때문입니다. 붉게 보이는 별은 표면 온도가 3,000℃ 정도로 낮은 것이고, 푸르게 보이는 별은 표면 온도가 1만 ℃ 정도로 높은 것입니다. 태양은 붉은 별보다는 표면 온도가 높지만 푸른 별보다는 온도가 낮습니다. 태양의 표면 온도는 약 6,000℃ 정도입니다.

보온병의 원리는?

겨울철에 우리는 따뜻한 물을 마시기 위해서 보온병을 사용합니다. 보온병에는 어떤 원리가 숨어 있을까요?

병 속에 든 물이 식지 않으려면 보온병은 열이 밖으로 빠져나가는 것을 막아야 합니다. 그러면 어떻게 해야 될까요?

그렇습니다. 열의 3가지 전달 방법을 최대한 차단해야 되겠지요?

그럼 열의 전도에 대해서 살펴볼까요?

열이 전도되려면 열이 흘러가기 위한 매질이 있어야 합니다. 이것을 막으려면 보온병을 이중으로 하고 그 사이 공간을 단열재로 채우면 됩니다.

다음에는 대류를 살펴볼까요?

열이 대류에 의해 전달되는 것을 막으려면 대류를 일으킬 수 있는 매질을 없애는 것이 가장 좋은 방법입니다. 따라서 보온병을 이중으로 만들고 그 사이 공간을 진공으로 하여 열의 전도와 대류를 줄이는 방법을 쓰는 것입니다.

다음에는 복사를 살펴보도록 하죠.

복사는 전도나 대류와 달리 진공을 통해서도 일어납니다. 열을 차단하는 것이 목적인 보온병 안의 진공 층에서도 복사에 의해 열은 전달됩니다. 이 때문에 복사를 차단하는 것은 어렵습니다. 하지만 복사를 줄이는 방법은 있습니다. 즉, 진공층 양쪽 벽을 은색으로 만들어 전자기파의 흡수보다 반사가 많게 하여 보온병 내부와 외부 사이의 에너지 흐름을 줄이는 것입니다.

이와 같은 원리는 주택 공사에 쓰이는 은박 껍질의 단열재에도 적용됩니다. 은박 껍질의 단열재를 사용하면 복사에 의한 열흐름을 줄일 수 있습니다.

온실의 원리는?

온실은 추운 겨울에도 식물이 열매를 맺고 꽃을 피게 하는 등 생장 활동을 가능하게 합니다. 이것이 가능한 이유는 온실은 바깥보다 기온이 높기 때문입니다.

이와 유사한 현상이 여름철 자동차 안에서도 일어납니다. 여름철 뜨거운 태양빛 아래 놓아둔 자동차 안의 온도는 매우 높아 일회용 라이터가 저절로 타버리는 현상이 일어나기도 합니다. 그것은 라이터가 발화점에 이를 정도로 차 안의 온도가 높아지기 때문입니다.

이런 현상을 온실 효과라고 합니다. 온실 효과는 왜 일어나는 걸까요?

온실이나 자동차 안은 비닐이나 유리로 덮여 있습니다. 그런데 비닐이나 유리는 빛(가시광선)에 대해서는 투명하지만 이보다 파장이 긴 적외선에 대해서는 불투명합니다.

다시 말해 태양의 빛은 쉽게 온실 안으로 들어와 온실 안을 데우지만 온실 안에서 다시 방출되는 적외선은 파장이 길어져서 밖으로 빠져나가지 못합니다. 이 때문에 온실이나 자동차 안의 온도가 올라가는 것이지요.

온실 효과는 대기 중에서도 일어납니다. 지표면은 복사에

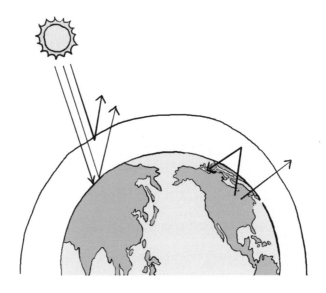

의해 태양 에너지를 흡수하고 그 일부를 적외선의 형태로 다시 공기 중으로 방출합니다. 하지만 대기 중에 있는 기체(주로 수증기나 이산화탄소)는 이 적외선을 대부분 흡수하고 다시 지구 쪽으로 방출하여 지구의 온도를 높이는 역할을 합니다. 만일 지구 대기에 이러한 온실 효과가 없었다면 지구의 평균 온도는 −18℃ 정도로 아주 낮아졌을 것입니다.

　하지만 지난 50만 년간 지구의 온도는 19~27℃ 범위에 있었습니다. 지구는 대기의 온실 효과 덕분에 지표면의 온도가 상온으로 유지되어 바다와 강이 존재하고 생명체가 살기에 적합한 환경이 될 수 있었던 것입니다.

지구보다 더 가까운 곳에서 태양 주위를 돌고 있는 금성은 이러한 온실 효과가 극단적으로 크게 일어나고 있습니다. 금성의 대기는 96%가 이산화탄소입니다. 게다가 금성의 대기 밀도는 지구보다 훨씬 높습니다. 금성 표면에서의 대기압은 지구의 90배나 됩니다. 이 때문에 금성 표면의 온도는 480℃나 되어서 납이 녹을 정도입니다. 이것은 온실 효과가 미치는 영향이 얼마나 큰지를 보여 주는 극단적인 예입니다.

오늘날 자동차나 화력 발전의 연료로 쓰는 석유나 석탄의 주성분은 탄소입니다. 석유나 석탄을 대기 중에서 연소시키면 다량의 이산화탄소가 방출됩니다. 이산화탄소가 많아지면 지구에는 온실 효과가 더 크게 나타나 기온이 올라가게 됩니다. 이렇게 되면 남극 대륙에 얼어붙어 있던 거대한 빙산이 녹아서 전 세계의 평균 해수면이 증가하여, 농경지가 침수되고 육지의 면적이 감소하는 등 생태계의 변화를 몰고 올 가능성이 있습니다. 이러한 이유 때문에 화석 연료의 지나친 사용을 억제할 필요가 있습니다.

저기 보이는 두 집 중에 어느 집이 단열이 잘되는 집일까요?

그야 눈이 녹은 집이겠죠.

틀렸습니다. 단열이 잘되는 집일수록 열이 밖으로 빠져나가지 않으니까 지붕 위에 쌓인 눈이 더 오래갈 거예요.

아~!

그럼 만약 추운 겨울날 바깥에 둔 쇳덩어리와 나무토막을 잡을 때 어느 것이 더 차가울까요?

당연히 쇳덩어리가 더 차갑죠.

아닙니다. 두 물체는 바깥에 밤새도록 놓아두었기 때문에 온도는 분명히 같습니다. 그것은 온도계로 측정해 보아도 마찬가지입니다.

정말이요? 그런데 왜 쇳덩어리가 더 차갑게 느껴지나요?

답은 열전도율에 차이가 있기 때문입니다. 금속은 나무보다 열을 잘 전달하기 때문에 우리 손의 열이 빨리 빠져나가게 됩니다.

열전도율: 나무토막 < 쇳덩어리

그래서 온도계로 측정한 온도가 같을지라도 재질에 따라 감각으로 느껴지는 온도는 다를 수가 있습니다.

그렇군요.

온도에 따라 달라지는 물질의 성질

온도는 우리 몸에 많은 영향을 미칩니다.
온도가 높고 낮음에 따라 우리 주변에는 어떤 현상들이 일어나는지
그 이유를 알아봅시다.

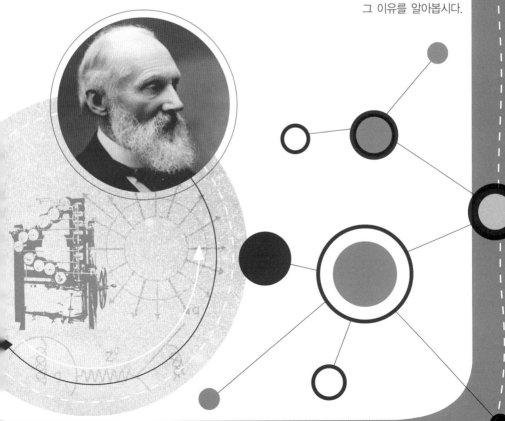

6

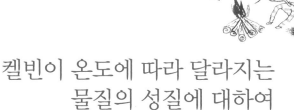

켈빈이 온도에 따라 달라지는
물질의 성질에 대하여
여섯 번째 수업을 시작했다.

　우리 몸은 온도에 따라 몸의 반응이 달라집니다. 예를 들어, 기온이 높이 올라가면 몸에서는 땀이 납니다. 또 반대로 기온이 많이 내려가면 온몸이 떨리고 몸이 움츠러듭니다. 그렇다면 물질은 어떨까요?

　물질도 마찬가지입니다. 물질도 온도에 따라 성질이 변합니다. 예를 들어, 온도가 올라가면 대부분의 물질은 길이가 늘어나거나 부피가 늘어납니다. 또 어떤 물질은 온도가 올라가면 전기적 성질이 변하여 전류가 잘 흐르지 않게 되기도 합니다.

온도가 올라가면 어떤 일이 일어날까요?

철길은 수많은 철로를 이어서 만듭니다. 그런데 철로의 이음매 사이에는 약간의 틈을 둡니다. 그 이유는 무엇 때문일까요?

__뜨거운 여름철에 철로가 늘어나기 때문이에요.

맞습니다. 철로는 단단한 쇳덩어리이지만 기온이 높이 올라가는 여름철에는 길이가 약간 늘어납니다. 또 반대로 기온이 낮아지는 겨울철에는 철로의 길이가 약간 짧아집니다.

이렇게 계절에 따라 변동하는 철로의 길이는 별것 아닌 것같지만 철로를 이어붙인 철길은 매우 길기 때문에 늘어나는 길이를 무시할 수 없게 됩니다.

철길은 수많은 철로를 이어서 만든다. 철로를 이을 때에는 철로 사이에 약간의 틈을 둔다. 그렇지 않으면 철로는 오른쪽 철로와 같이 휘어지게 된다.

예를 들어, 경부선의 총 길이는 약 440km인데 계절 변화에 따라 변동하는 철길의 길이는 300m에 이릅니다.

만일 철로의 이음매 사이에 틈을 두지 않는다면 어떻게 될까요? 철로의 길이가 늘어나면서 철길이 휘어지게 될 것입니다. 또한 철로를 따라 움직이는 기차가 탈선할 위험이 높아지게 됩니다.

이것은 전화선도 마찬가지입니다. 여름철에 전화선을 가설할 때는 겨울철에 기온이 내려가서 전화선이 수축할 것을 고려하여 여유를 충분히 둬야 합니다.

만일 여유를 두지 않고 팽팽하게 해 둔다면 어떻게 될까요? 겨울철에 전화선의 길이가 줄어들면서 전화선이 중간에 끊어지거나 전봇대를 잡아당겨서 전봇대가 넘어지는 사고가 생기게 될 것입니다.

교량을 가설할 때도 이와 마찬가지입니다. 교량은 상판을

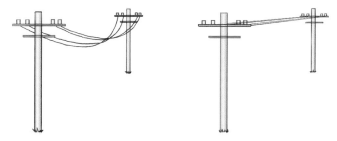

전화선을 여름철에 가설할 때는 겨울철에 수축할 것을 고려하여 여유를 두어야 한다.

여러 개 이어서 연결합니다. 상판을 연결할 때 온도가 올라가거나 내려갈 때 교량이 늘어나는 것을 고려하여 상판들 사이에 팽창 이음쇠를 붙입니다.

열팽창이란?

앞에서 살펴본 몇 가지 예로 알 수 있듯이 대부분의 물체는 온도가 올라가면 길이가 늘어납니다. 물론 물체의 어느 한쪽 길이만 늘어나는 것은 아니고 폭이나 두께도 함께 늘어납니다. 따라서 부피도 늘어나게 됩니다.

이와 같이 온도가 올라가면서 물체의 길이나 부피가 늘어나는 현상을 열팽창이라고 합니다.

열팽창은 우리 일상에서 쉽게 볼 수 있습니다. 예를 들어, 유리컵에 뜨거운 물을 부으면 컵이 깨어지는 경우가 있죠? 이것도 열팽창 때문에 일어나는 현상입니다. 열팽창 때문에 왜 유리가 깨어지는 걸까요?

뜨거운 물을 유리컵에 부으면 뜨거운 물이 직접 닿은 유리컵의 안쪽은 팽창하려 합니다. 하지만 유리는 열을 잘 전달하지 않는 열의 부도체이기 때문에 바깥쪽은 거의 그대로 있습니다.

이 때문에 컵의 안쪽과 바깥쪽 사이에는 서로 다른 힘이 작용하게 되어 유리컵이 깨어지는 것입니다.

특수 유리는 뜨거워져도 깨어지지 않는데, 이런 유리를 열 강화 유리라고 합니다. 열 강화 유리는 온도가 올라가도 팽창하지 않도록 특수 제작한 유리입니다.

여름철에 갈증을 느낄 때 주스나 찬물에 얼음 조각을 넣으면 탁탁 소리가 나면서 얼음에 금이 가고 갈라지는 현상을 볼 수 있습니다. 왜 이런 일이 일어나는 걸까요?

얼음이 공기 중에 녹으면 얼음 내부와 외부의 온도 차가 작아서 온도 전달이 서서히 이루어지므로 얼음에 금이 가는 현상이 나타나지 않습니다. 하지만 얼음이 물에 들어가서 녹으면 순간적으로 얼음이 녹으면서 그 온도 차가 얼음 내부에 전달되어 얼음 안과 밖의 팽창률 차이로 인하여 얼음에 금이 가게 되는 것입니다.

물질은 왜 온도가 올라가면 열팽창을 하는 걸까요? 물질은 분자나 원자로 이루어지기 때문에 온도가 올라갈수록 물질을 구성하는 분자들의 운동이 활발해져 서로 멀어지려는 경향이 증가합니다. 이 때문에 물질의 길이나 부피가 커지는 것입니다.

열팽창률

온도가 올라감에 따라 늘어나는 열팽창 정도는 물질마다 다릅니다.

일반적으로 단단한 고체보다는 액체가 더 잘 팽창합니다. 또 액체보다는 가벼운 기체가 더 잘 팽창합니다.

길이 팽창률은 물체의 길이가 1m일 때 얼마나 늘어나는지를 비교한 것입니다. 또 부피 팽창률은 부피가 1m³일 때 부피가 얼마나 늘어나는지를 나타낸 것입니다.

온도가 1℃ 올라갈 때 길이와 부피가 처음 값에 비해 얼마나 늘어나는지를 비교한 것을 열팽창률이라고 합니다. 오른쪽 페이지의 표는 열팽창률을 나타낸 것입니다. 표에서 알 수 있듯이 고체보다는 액체가, 액체보다는 기체가 열팽창률이 더 큽니다. 액체는 고체보다 무려 10배 정도 더 큽니다. 또 기체는 1기압에서 비교했을 때(기체가 팽창하는 정도는 압력에 따라 크게 달라지므로) 액체보다 2~15배 정도 더 큽니다.

고체	길이 팽창률	부피 팽창률	액체	부피 팽창률
알루미늄	25×10^{-6}	75×10^{-6}	에테르	$1,650 \times 10^{-6}$
놋쇠	19×10^{-6}	56×10^{-6}	에탄올	$1,100 \times 10^{-6}$
구리	17×10^{-6}	51×10^{-6}	휘발유	950×10^{-6}
금	14×10^{-6}	42×10^{-6}	글리세린	500×10^{-6}
철 또는 강철	12×10^{-6}	35×10^{-6}	수은	180×10^{-6}
납	29×10^{-6}	87×10^{-6}	물	210×10^{-6}
은	18×10^{-6}	54×10^{-6}		
유리	9×10^{-6}	27×10^{-6}	**기체**	
유리(파이렉스)	3×10^{-6}	9×10^{-6}	공기 및	
석영	0.4×10^{-6}	1×10^{-6}	대부분의 기체	$3,400 \times 10^{-6}$
콘크리트, 벽돌	$\sim 12 \times 10^{-6}$	$\sim 36 \times 10^{-6}$	(1기압에서)	
대리석	2.5×10^{-6}	7.5×10^{-6}		

열팽창률($20\,^{\circ}\!C$)

길이 팽창률은 물체의 길이가 1m일 때 얼마나 늘어나는지를 나타낸 것이다. 또 부피 팽창률은 부피가 $1m^3$일 때 부피가 얼마나 늘어나는지를 나타낸 것이다.

온도가 변하는 경우에는 반드시 열팽창률을 고려해야

앞에서 우리는 철로나 교량을 건설할 때 열팽창을 고려해야 한다는 것을 알았습니다. 사실은 철로나 교량뿐만이 아닙니다. 모든 건축물을 세울 때에는 열팽창률을 고려해야 합니다.

예를 들어, 아파트나 상가 건물을 지을 때 사용하는 콘크리트에는 시멘트와 함께 철근이 들어갑니다. 만일 철근과 시멘트의 열팽창률이 다르다면 콘크리트에는 금이 가게 될 것입니다.

이것은 도구를 만들 때에도 마찬가지입니다. 치과 의사는 치아를 만들 때나 치아 사이를 메울 때 치아와 열팽창률이 같은 물질을 사용합니다.

또 자동차의 엔진의 주요 부품에 실린더와 피스톤이 있습니다. 흔히 엔진은 철로 만들지만 피스톤은 알루미늄으로 만듭니다. 그런데 알루미늄은 철보다 열팽창률이 2배 정도 큽니다. 자동차의 주행 중에는 엔진 내부가 매우 뜨거워지므로 엔진도 피스톤도 팽창을 합니다. 이 때문에 피스톤의 지름은 실린더의 지름보다 약간 작은 것을 사용합니다.

물질에 따라 열팽창이 다른 것을 이용하면 일상에서 편리하게 이용할 수 있습니다. 예를 들어, 오래된 유리병의 금속 뚜껑이 잘 열리지 않을 경우 다음과 같이 하면 쉽게 뚜껑을 열 수 있습니다.

병마개 부분에 뜨거운 물을 흘려 준 후 병마개를 천으로 감싸 쥐고 틀어서 열면 의외로 쉽게 열립니다. 이것은 금속의

팽창률이 유리보다 크기 때문에, 뜨겁게 하면 병마개가 약간
헐거워지기 때문입니다.

오래된 금속 병마개를 여는 방법 : 뜨거운 물을 병뚜껑에 흘린다.

바이메탈의 원리

금속에 따라 열팽창률은 꽤 차이가 납니다. 이것을 이용하
여 열팽창률이 다른 2개의 금속(이를테면 놋쇠와 철)을 맞붙여
놓으면 흥미로운 일이 일어납니다.

온도가 올라갈 때 놋쇠가 철보다 더 많이 늘어나므로 철 쪽
으로 활 모양으로 휘어지는 것입니다. 이를 이용하면 온도에
따라 스위치를 자동으로 개폐시키는 온도 조절기를 만들 수

있습니다.

　이와 같이 2개의 금속을 맞붙여 놓은 것을 바이메탈이라고 합니다. 바이메탈에는 여러 가지 합금이 이용됩니다. 주로 팽창이 적게 일어나는 쪽은 철과 니켈의 합금을 사용하고, 팽창이 크게 일어나는 쪽은 구리와 아연, 니켈—망간—철, 니켈—몰리브덴—철 등과 같은 합금을 사용합니다.

　바이메탈은 전기 회로를 연결하고 단절시키는 자동 온도 조절기나 자동 밸브 개폐 장치로 널리 사용됩니다. 자동 온도 조절기는 전열 기구, 예를 들어 전기 난로·전기 담요 등에 넣어 자동 스위치로 사용됩니다. 자동 스위치는 온도가 올라가면 열리고, 내려가면 닫혀지도록 작용합니다. 냉장고에는 이러한 자동 온도 조절기가 있어서 냉장고 안의 온도를 자동으로 조절하는 것입니다.

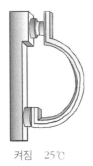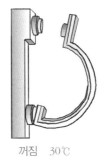

켜짐　25℃　　　꺼짐　30℃

바이메탈

액체의 열팽창

고체와 마찬가지로 액체도 온도가 올라가면 부피가 늘어납니다. 다만 고체의 열팽창은 눈에 잘 드러나지 않지만 액체의 열팽창은 두드러지기 때문에 눈으로 쉽게 확인할 수 있습니다.

예를 들어, 물이 가득 찬 양동이를 가열하면 물이 넘치는 것을 볼 수 있습니다. 이것은 양동이가 늘어나는 부피보다 물이 더 많이 팽창하기 때문입니다.

가끔 주유소에서 휘발유를 탱크에 가득 채울 때 휘발유가 넘쳐나는 경우가 있습니다. 이것은 지하에 있던 차가운 휘발유가 따뜻한 탱크 안에서 부피가 팽창하기 때문에 일어나는 현상입니다.

자동차의 엔진을 식히는 데 사용하는 냉각수를 넣을 때도 가득 채우면 안 됩니다. 나중에 엔진이 뜨거워지면 냉각수가 팽창하여 넘쳐날 수 있기 때문입니다.

액체의 열팽창률이 고체보다 크다는 것이 불편한 것만은 아닙니다. 예를 들어, 우리는 수은이나 알코올 온도계를 가는 유리 용기 안에 담아서 온도계로 쓰고 있습니다. 온도가 올라가면 수은과 알코올뿐만이 아니라 유리도 늘어납니다.

그럼에도 불구하고 온도계로 사용할 수 있는 것은 수은이나 알코올과 같은 액체가 유리보다 훨씬 더 많이 팽창하기 때문입니다. 만일 유리가 액체보다 열팽창률이 더 크다면 온도계로 쓰기에는 부적당할 것입니다.

수은이나 알코올과 같은 액체를 유리 용기에 담아 온도계로 쓸 수 있는 것은 액체가 고체보다 열팽창률이 훨씬 크기 때문입니다.

왜 얼음은 물 위에 뜰까요?

얼음은 물 위에 뜹니다. 우리는 이것을 당연하게 생각합니다. 그런데 알고 보면 이것은 당연한 것이 아니라 물이 갖는 특별한 성질 때문입니다.

왜 돌멩이는 물속으로 가라앉고, 나무토막은 물 위로 떠오를까요?

＿밀도가 물보다 크거나 작기 때문이죠.

맞습니다. 물질이 뜨고 가라앉는 것은 물질의 밀도로 설명할 수 있습니다. 다시 말해 물질의 밀도가 잠긴 액체의 밀도보다 크면 물질이 가라앉고, 작으면 위로 떠오르는 것이지요.

그런데 물을 제외한 대부분의 물질은 액체에서 고체로 변할 때 밀도가 커집니다. 이 때문에 대부분의 물질은 고체가 되면 자신의 액체 속에 가라앉습니다. 그래서 알고 보면 얼음이 물 위에 뜨는 것은 특이한 현상인 것입니다. 하지만 우리가 얼음이 물 위에 뜨는 것을 이상하게 생각하지 않는 이유는 일상에서 물 이외의 다른 물질의 고체와 액체를 쉽게 만날 수 없기 때문입니다.

예를 들어, 알코올의 얼음은 볼 수 없는데 알코올은 −114 ℃에서 얼기 때문이지요. −114℃는 여간해서 도달하기 어려운 온도이니 알코올을 얼려서 실험해 보기는 어렵습니다.

하지만 식초의 원료인 빙초산을 이용해서 확인할 수 있습니다. 빙초산은 냉장고에서도 쉽게 얼릴 수 있는 16.7℃에서 얼기 때문이죠. 빙초산의 얼음은 빙초산 속에 가라앉는 것을 확인할 수 있습니다. 빙초산처럼 대부분의 액체는 얼면 밀도가 높아져 자신의 액체 속에 가라앉습니다. 하지만 물은 예외입니다. 물은 액체에서 고체(얼음)로 변할 때 밀도가 줄어들므로 물 위로 떠오르는 것입니다.

특이한 물의 팽창

대부분의 액체는 가열하면 팽창하는 성질이 있습니다. 물론 물도 이러한 성질이 있습니다. 그런데 물이 갖는 또 다른 특이한 성질은 같은 액체에서도 4℃에서 그 성질이 바뀐다는 것입니다.

다시 말해 물은 4℃ 이상에서는 온도가 올라가면 부피가 늘어나지만 4℃ 이하에서는 오히려 부피가 줄어듭니다. 따라서 물은 4℃에서 밀도가 가장 큽니다. 왜 물의 밀도는 4℃에서 가장 큰 것일까요?

물이 얼 때 만들어지는 얼음의 결정 구조 때문입니다. 물이 어는 온도는 0℃입니다. 하지만 0~10℃의 물속에는 눈에 보이지 않는 아주 미세한 얼음 결정이 남아 있습니다. 이 온도 범위의 물은 눈에 보이지 않는 슬러시 상태에 있는 셈이지요.

이 때문에 물의 온도가 0℃에서부터 점차 증가함에 따라 다음과 같이 서로 상반된 부피 변화가 일어납니다.

첫째, 온도가 올라감에 따라 물속에 있던 얼음 결정이 녹아서 물의 부피가 감소합니다.

둘째, 온도가 올라감에 따라 물 분자들의 운동이 활발해져

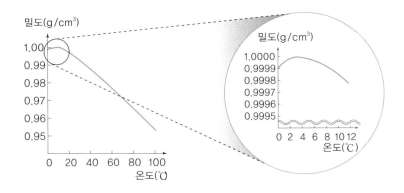

물은 4℃에서 밀도가 가장 높다.

물의 부피가 증가합니다.

다시 말해 온도가 상승할 때 0~10℃에서 일어나는 결정의 붕괴는 물의 부피를 줄어들게 하고, 이와 동시에 일어나는 분자 운동의 증가는 물의 부피를 증가시킵니다. 이 상반된 2가지 효과가 중간 지점인 4℃에서 물의 부피를 최소가 되게 합니다. 따라서 4℃에서 물의 밀도가 최대가 되는 것입니다.

왜 얼음은 표면에서부터 얼까요?

물의 이러한 특이한 성질은 자연계에서 매우 중요합니다.

만약 물이 다른 액체들처럼 밀도가 0℃에서 최대가 된다면 어떤 일이 일어날까요?

우리는 겨울철에 강이나 연못의 표면이 얼어붙어 있는 것을 볼 수 있지만 바닥 쪽의 물은 얼지 않은 것을 흔히 볼 수 있습니다. 물은 표면 위에서부터 얼어붙는 것이지요. 그런데 왜 물은 표면에서부터 어는 것일까요?

4℃까지는 물의 밀도가 높아져서 바닥으로 내려갑니다. 만약 0℃까지 그렇게 된다면 찬물이 바닥으로 내려가므로 물은

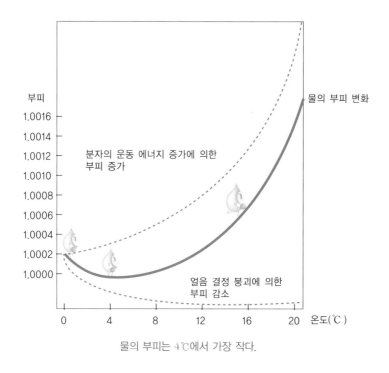

물의 부피는 4℃에서 가장 작다.

밑바닥부터 얼게 될 것입니다. 그렇게 되면 강이나 연못의 물고기들은 먹이를 구하지 못하게 되고 죽게 되므로 자연 생태계는 파괴될 것입니다. 물론 사람들도 연못이나 강이 몽땅 꽁꽁 얼지 않는 한 썰매를 탈 수 없으므로 겨울의 즐거움도 반감될 것입니다.

하지만 이런 일은 일어나지 않습니다. 물은 4℃일 때 밀도가 가장 커서 4℃ 이하의 차가운 물이 오히려 표면으로 떠오르게 되어 바닥의 물이 더 따뜻하게 되고, 표면이 먼저 0℃에 도달하므로 물이 위에서부터 얼게 되는 것입니다.

물은 표면에서부터 언다.

물이 얼면 그릇이 깨지는 이유는?

물의 온도가 내려가 0℃가 되면 분자끼리의 결합이 강해져 고체 상태인 얼음으로 바뀌기 시작하면서 부피가 늘어납니다. 물이 얼면 부피가 약 10% 정도 증가합니다.

가정에서 물을 얼리려고 유리 그릇이나 사기 그릇에 물을 가득 넣고 냉동실에 넣어 두면 그릇이 깨지는 경우가 있습니다. 이는 물이 얼면서 늘어나는 부피가 그릇의 부피를 넘어서기 때문입니다.

이 때문에 냉장고에서 얼음을 얼리는 데 쓰는 얼음 그릇은 물이 얼어 부피가 늘어나는 점을 감안하여 잘 깨지지 않는 플라스틱류를 사용하고, 얼음 용기의 모양도 위쪽으로 갈수록 부피가 늘어나는 모양을 하고 있습니다. 물을 채울 때도 가득 채우지 말고 90% 정도 채워서 사용하여야 얼음이 서로 달라붙지 않습니다.

물이 얼 때 늘어나는 압력은 매우 큽니다. 겨울철 두께가 10mm 이상 되는 수도 파이프도 얼면 깨질 정도로 강력합니다.

비열

은수저를 뜨거운 국에 담가 놓으면 스테인리스 수저보다 훨씬 빨리 뜨거워지는 것을 볼 수 있습니다. 또 가스레인지에 올려놓은 프라이팬은 금방 뜨거워지지만, 물이 담긴 주전자는 금방 뜨거워지지는 않고 뜨거워지는 데 어느 정도 시간이 걸립니다.

이것은 어떤 물질은 쉽게 데워지고 또 어떤 물질은 잘 데워지지 않는다는 것을 의미합니다. 같은 물질이라도 질량에 비례하여 데워지는 데 걸리는 시간은 길어집니다.

같은 질량의 물질에 대해서 열을 가했을 때 빨리 뜨거워지는 정도를 비교한 양을 비열이라고 합니다. 비열은 물질에 따라 크게 다릅니다. 은은 스테인리스보다 비열이 작고, 물은 스테인리스보다 큽니다. 비열이 큰 물질일수록 데워지는 데 더 오랜 시간이 걸립니다. 비열은 온도 변화에 저항하는 물질의 관성이라고 할 수 있습니다.

물은 지구상의 모든 물질 중에서 가장 비열이 큰 물질입니다. 물은 철보다 8배나 비열이 큽니다. 물의 이러한 성질을 이용한 것 중의 하나가 엔진의 냉각제로 쓰는 것입니다. 자동차 엔진은 계속 가열되고 있어서 비열이 작은 물질을 냉각제로 쓴다면 금방 온도가 올라가 냉각 체계에 이상을 가져오게 될 것입니다. 하지만 물은 비열이 크기 때문에 많은 열을 흡수할 수 있어서 아주 좋은 냉각제가 되는 것입니다.

비열이 크다는 것은 에너지를 축적하는 능력이 크다는 말과 같습니다. 비열이 큰 물은 식는 데도 더 많은 시간이 걸립니다. 물의 이러한 특성은 기후에 커다란 영향을 미칩니다. 유럽 지역의 날씨는 위도가 비슷한 캐나다 북동부보다 따뜻합니다. 그 이유는 카리브 해 북동부의 따뜻한 해류가 유럽 북부 지역까지 흐르고 있기 때문입니다.

과학자의 비밀노트

비열

어떤 물질 1kg을 1K 올리는 데 필요한 에너지를 그 물질의 비열이라고 하며, 단위로는 J/kg · K 또는 kcal/kg · K을 사용한다. 따라서 물체의 질량이 같으면 비열이 큰 물체일수록 같은 열량에 의한 온도 변화가 작다. 또한 비열은 물질의 종류에 따라서 다르기 때문에 물질의 특성을 나타낸다. 또한 같은 물질이라도 그 물질의 상태에 따라서 비열은 달라진다.

보일러가 고장이 나서 너무 춥군요.

온몸이 떨리고 몸이 움츠러들어요.

우리 몸뿐만 아니라 물질도 온도의 영향을 받아 움츠러들기도 합니다.

물질도요?

네. 온도가 올라가면 대부분의 물질은 길이가 늘어나거나 부피가 늘어납니다.

이런 이유로 철로를 놓을 때는 이음매 사이에 약간의 틈을 두는 거랍니다.

저도 들어 봤어요. 여름철에는 철로의 길이가 약간 늘어나기 때문이죠?

네, 경부선 철로의 경우 총 길이가 약 440km인데, 계절 변화에 따라 변하는 철로 길이가 300m에 이른다고 해요.

300m나요?

네. 겨울철에 기온이 내려가 전선이 수축할 것을 고려하여 충분한 여유를 두고 전선을 연결하는 것도 같은 이유 때문이랍니다.

그런 비밀이 있었군요.

여러 가지 **온도계**

온도계의 종류는 우리가 알 수 없을 정도로 그 수가 많습니다.
온도계에는 어떤 종류의 온도계가 있고
어떤 특징을 가지고 있는지 자세히 살펴봅시다.

켈빈이 온도계의 종류와
원리에 대한 주제로
일곱 번째 수업을 시작했다.

우리가 일상에서 가장 쉽게 볼 수 있는 온도계는 알코올 온도계와 수은 온도계입니다. 하지만 이것이 온도계의 전부는 아닙니다.

우리 주위에는 이와는 전혀 다른 온도계들이 있습니다. 예를 들어 수족관에는 색깔이 변하는 띠 모양의 온도계가 사용됩니다. 시계처럼 바늘이 있어서 온도를 가리키는 온도계도 있고, 디지털 시계처럼 온도가 숫자로 표시되는 액정 온도계도 있습니다. 이런 온도계들은 어떤 원리로 만들어지는 것일까요?

온도계는 온도에 따라 물질의 성질이 변하는 것을 이용하여 만듭니다. 물질의 어떤 성질을 이용하느냐에 따라 온도계는 몇 가지 유형으로 구분해 볼 수 있습니다.

　첫 번째는 부피나 압력과 같은 물질의 역학적 성질이 변하는 것을 이용하여 만든 역학적 온도계입니다. 알코올 온도계나 수은 온도계는 모두 온도에 따라 부피가 변하는 액체의 성질을 이용하여 만든 것입니다.

　두 번째는 전기적 온도계입니다. 이 온도계는 열전 효과(열에너지와 전기 에너지가 상호작용하는 효과를 총칭하여 이름)나 전기 저항이 변하는 것을 이용합니다.

　또 다른 유형의 온도계로는 복사 온도계가 있습니다. 이것은 온도에 따라 물체로부터 방출되는 복사선이 변하는 것을 이용한 것입니다.

　이와는 별도로 체온을 측정하기 위해 만들어진 체온계처럼 특별한 용도로 만들어진 온도계가 있습니다. 또 온도를 자동으로 기록하는 자동 기록 온도계도 있고, 일정 시간 동안 최고 온도나 최저 온도만을 나타내는 최고 최저 온도계도 있습니다. 또 온도보다는 온도의 변동을 조사하는 온도계도 있습니다.

역학적 온도계

온도에 따라서 길이, 부피, 압력과 같은 성질이 변하는 것을 이용하여 만든 온도계를 총칭하여 역학적 온도계라고 합니다.

가장 많이 사용하는 형태는 온도에 따라 늘어나는 부피를 측정하는 팽창식 온도계입니다. 또 다른 형태는 온도에 따라 증가하는 압력을 측정하는 압력식 온도계입니다.

팽창식 온도계에는 액체의 팽창을 이용한 액체 온도계가 가장 많이 쓰이고 있습니다. 수은 온도계와 알코올 온도계도 여기에 속합니다.

액체 대신 기체를 이용한 팽창식 온도계도 있습니다. 갈릴레이가 만든 최초의 온도계인 공기 온도계도 팽창식 온도계에 속합니다.

금속을 이용한 팽창식 온도계(금속 온도계)도 있습니다. 이 온도계는 팽창률이 다른 2개의 금속을 맞붙인 바이메탈이 온도가 올라갈 때 휘는 것을 이용하여 온도를 나타내도록 한 것입니다.

액체 온도계

액체 온도계는 역학적 온도계 중에서 가장 널리 사용되는 온도계입니다. 수은 온도계와 알코올 온도계가 그 대표적인 예입니다.

액체 온도계는 적당한 크기의 공 모양의 부분에 액체를 넣고 가는 유리관을 붙여 밀봉해서 만듭니다. 액체는 유리보다 팽창을 잘하기 때문에, 유리관을 따라 액체가 올라가게 하여 온도를 나타내도록 한 것입니다.

액체 온도계는 다른 온도계보다 사용법이 간단하면서도 정밀도가 높은 장점이 있습니다. 하지만 유리로 만들기 때문에 깨지기 쉬운 단점이 있습니다. 또한 어떤 액체를 사용하느냐에 따라 어떤 유리를 사용하느냐에 따라, 측정 범위가 달라집니다.

알코올 온도계는 한쪽 끝이 볼록한 가는 유리관 속에 붉게 물들인 에탄올을 넣고 밀봉하여 만듭니다. 열팽창에 의해 유리관 속의 알코올이 오르내림에 따라 온도를 측정할 수 있습니다. 수은 온도계보다 감도는 좋으나 끓는점이 낮으므로 비교적 낮은 온도(−78∼78℃)를 측정하는 데 적합합니다.

수은 온도계는 수은의 열팽창을 이용한 온도계입니다. 수은은 순수하게 만들기가 쉽고 유리관에 잘 부착하지 않는 장점이 있으며, −38∼356℃까지 넓은 범위의 온도를 측정할 수 있습니다. 수은 온도계는 일상생활의 온도계를 비롯해 널리 사용되고 있습니다. 하지만 0∼100℃의 범위 밖에서는 오차가 크고 범위 내에서도 오차가 있어서 정밀한 측정에는 사용되지 않습니다.

금속 온도계

금속 온도계는 온도에 따라 팽창하는 금속의 성질을 이용하여 만든 온도계입니다.

열팽창률이 다른 2종류의 금속판을 용접하여 만든 바이메탈은 온도가 올라가면 활 모양으로 굽어지는 성질이 있습니다. 바이메탈은 온도가 높아지면 열팽창률이 큰 쪽에서 작은 쪽으로 휘어지고, 온도가 낮아지면 반대로 굽어지는 현상을 보입니다.

금속 온도계는 바이메탈의 원리를 이용하여 은·금·백금을 포개어서 태엽을 만듭니다. 이 태엽 밑에 바늘을 달아 온도의 변화에 따라 눈금판 위를 회전하도록 하였습니다. 금속 온도계는 정밀하지 않지만 휴대하기에 간편하여 이동용 온도 측정에 사용됩니다.

기체 온도계

기체 온도계는 온도에 따라 기체의 부피와 압력이 변하는 성질을 이용하여 만든 온도계입니다.

둥근 용기 속에 헬륨이나 수소, 네온, 질소, 공기 등의 기체를 넣고 온도에 따라 부피나 압력이 변하는 성질을 이용하여 온도를 측정합니다.

사용하는 기체와 담는 용기에 따라 측정 범위가 달라집니다. 고온을 측정하는 경우에는 질소와 아르곤을 이용하고 석영 유리나 백금 이리듐 합금 용기를 사용하면 1,000℃ 이상까지 측정할 수 있습니다.

저온을 측정하는 경우에는 저압 헬륨을 사용하고 구리 용기를 이용하면 영하 270℃까지 측정할 수 있습니다.

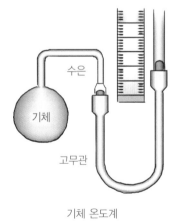

기체 온도계

갈릴레이가 처음 공기 온도계를 만들었을 때와 달리 측정과 보정이 매우 정밀하여 표준 온도계로 사용합니다.

압력식 온도계

압력식 온도계는 일정한 부피의 용기 안에 밀봉한 액체나 기체의 압력 변화를 이용하여 온도를 측정하게 됩니다.

액체와 기체 모두 사용할 수 있는데, 액체로는 흔히 수은이 이용되고 기체로는 공기·질소·헬륨·아르곤 등이 이용됩니다.

전기적 온도계

전기적 온도계는 온도에 따라 전기적 성질이 달라지는 것을 이용하여 만든 온도계입니다.

종류로는 열전 온도계와 저항 온도계가 있습니다. 전기적 온도계는 측정 범위가 액체 온도계보다 넓을 뿐 아니라 정밀도가 높은 장점이 있습니다.

열전 온도계

1821년 독일의 제베크(Thomas Seebeck, 1770~1831)는 두 종류의 금속을 한 쌍으로 하여 아래 그림과 같이 고리 모양으로 연결하고, 한쪽 접점(A)을 고온에 접촉하고 다른 쪽 접점(B)을 저온으로 했을 때 회로에 전류가 흐르는 현상을 발견하였습니다. 만일 접점 A와 B가 같은 온도이면 전류가 흐르지 않습니다.

열전쌍

이 회로에 흐르는 전류를 열전류라 하고, 열전류를 일으키는 한 쌍의 금속을 열전쌍이라고 합니다. 또 열전쌍 양단에 생기는 전압 차를 열기전력이라 합니다.

열전 온도계는 열전쌍 양단의 열기전력을 측정하여 온도를 측정하는 것입니다. 온도를 측정할 때는 보통 한쪽 접점을 일정한 온도로 유지시키고 다른 접점을 재려고 하는 물체에 연결시켜 사용합니다.

대표적인 열전쌍으로 백금—백금 로듐, 크로멜—알루멜, 구리—콘스탄탄 등이 있습니다. 열전쌍에 따라 열전류의 크기와 잴 수 있는 온도 범위도 달라집니다. 백금—백금 로듐의 열전쌍을 이용해서 잴 수 있는 온도는 1,450℃까지이고, 다른 열전쌍을 이용하면 섭씨 2,000℃까지의 온도를 잴 수 있습니다.

저항 온도계

도체나 반도체의 전기 저항은 온도에 따라 변합니다. 저항 온도계는 전기 저항을 측정함으로써 온도를 측정하는 온도계입니다. 저항체는 절연체의 테두리에 감은 백금선(-260~630℃), 니켈선(-50~300℃) 또는 구리선(0~150℃) 등이 사용됩니다.

저항 온도계는 가장 정밀도가 높은 온도계입니다. 특히 백금의 전기 저항 변화를 이용한 백금 저항 온도계는 표준 온도계로 사용되며, 열전쌍 온도계와 함께 공업적인 용도로 널리 사용되고 있습니다.

서미스터(thermistor)는 코발트·구리·망간·철·니켈·티탄 등의 산화물을 2~3종류 혼합하여 소결한 반도체입니다. 서미스터는 금속선에 비해서 온도에 따른 저항의 변화가 크고 소형으로 만들 수 있는 이점이 있습니다. 또 서미스터는 미소한 온도 변화에도 큰 저항 변화가 생기므로 체온계ㆍ온도계ㆍ습도계ㆍ기압계ㆍ풍속계 등의 측정용이나 온도 제어용 센서로 많이 이용됩니다.

복사 온도계

물체의 온도가 올라가면 물체에서 방출되는 복사가 달라집니다. 이 성질을 이용하여 만든 온도계가 복사 온도계입니다. 복사 온도계의 종류에는 복사 고온계와 광온도계, 광전관 온도계, 적외선 온도계 등이 있습니다.

복사 온도계는 어떤 것이든 온도를 측정할 대상 물체에 직접 닿지 않아도 온도를 잴 수 있다는 이점이 있습니다. 또 먼 곳에 있는 물체의 온도나 움직이고 있는 것의 온도를 측정하는 데 편리하므로 공업적으로 많이 이용되고 있습니다.

적외선 ↓ 센서

적외선 온도계 : 물체의 복사 온도를 측정한다.

특수한 온도계

온도계에는 앞에서 살펴본 온도계 외에도 사용하는 용도에 따라 특수하게 제작된 온도계가 있습니다.

체온을 재는 데 사용되는 체온계도 체온 측정을 목적으로 만들어진 일종의 특수 온도계입니다.

또 다른 특수 온도계로는 자동으로 온도를 기록하는 자동 기록 온도계가 있습니다. 또 일정 시간 내의 최고·최저 온도만을 나타내는 최고 최저 온도계, 온도 자체가 아니라 그 미세한 변동을 조사하는 베크만 온도계 등이 있습니다. 이 밖에 일정 온도에서 화학적 변화로 변색하는 것을 이용하여 온도를 판정하는 서모컬러, 기온·습도 측정용 건습구 온도계, 고온의 가마 속의 온도를 측정하는 제거콘(Seger cone) 등이 있습니다.

체온계

체온을 측정하기 위하여 사용하는 온도계로 보통 수은이 사용됩니다. 체온계는 보통의 수은 온도계와 달리 유리관의 일부가 가늘고 잘록하게 구부러져 있습니다. 이 때문에 온도가 올라가면 수은주가 내려가지 않게 됩니다.

하지만 체온을 측정한 후 세게 흔들어 주면 수은주는 다시 내려가게 됩니다. 보통 온도계와 달리 눈금은 정상 체온의 범위에서 약간 벗어난 35~43℃ 범위에서 측정하도록 분 단위로 매겨져 있습니다.

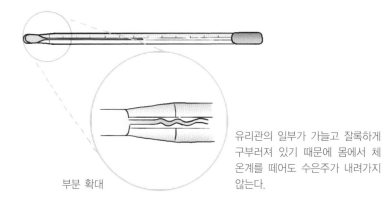

부분 확대

유리관의 일부가 가늘고 잘록하게 구부러져 있기 때문에 몸에서 체온계를 떼어도 수은주가 내려가지 않는다.

체온계의 모양은 막대 모양과 평판 모양이 있으며, 겨드랑이나 구강에서 온도를 재는 보통 체온계와 직장의 온도를 재는 항문 체온계, 기초 체온을 측정하는 여성 체온계, 체온이 낮은 미숙아용 체온계 등이 있습니다.

최고 최저 온도계

어떤 시간 간격 내의 온도의 최고값과 최저값을 동일 장치로 기록할 수 있는 온도계입니다. 보통 온도를 1일 단위로 기록하기 위해 쓰입니다.

에탄올과 수은을 사용한 액체 온도계의 지시에 따라 2개의 지표가 이동하여 각각 최고 온도와 최저 온도 위치에서 멈추도록 되어 있습니다. 하루에 한 번씩 시각을 정하여 외부에서 자석으로 지표를 적당한 위치에 돌려놓을 필요가 있습니다.

베크만 온도계(Beckmann's thermometer)

수은 온도계의 일종으로, 어떤 온도를 기준으로 삼아서 기준 온도에서의 미세 변화를 정밀하게 측정하기 위해서 사용되는 온도계입니다.

맨 밑에 수은이 담긴 둥근 부분이 있고 그 위에 눈금을 매긴 가는 관이 있으며, 그 윗부분에 굵은 유리관이 접속된 구조로 만들어져 있습니다.

측정에 앞서 온도계를 거꾸로 해서 가볍게 두드려 둥근 부분에 있는 수은 일부를 위쪽 굵은 유리관으로 옮기고, 남는 수은주의 끝을 기준으로 삼는 온도와 일치하는 눈금에 오도록 수은의 양을 조절하게 되어 있습니다. 보통 0.001℃에 해당하는 눈금이 매겨져 있어서 작은 온도 변화도 알아볼 수 있습니다.

시온 도료(서모컬러)

시온 도료란 온도의 높낮이에 따라 색이 변하는 도료로 일정한 온도에서 색이 변하는 화합물을 이용하여 온도를 알 수 있게 한 것입니다. 다른 말로 서모컬러(thermocolor)라고도 합니다.

시온 도료는 열을 받으면 색이 변하였다가 다시 냉각이 되면 원래의 색으로 돌아오는 가역성 도료와 원래대로 되돌아오지 않는 불가역성 도료가 있습니다. 불가역성은 온도가 상승할 때에만 사용됩니다.

시온 도료를 기기 등에 발라 두면 색의 변화를 통해 온도를 측정할 수 있습니다. 예를 들어, 수족관에 붙여 놓으면 수족관의 물의 온도를 색깔 변화로 알 수 있습니다.

시온 도료는 35~600℃의 넓은 범위의 변색 점을 가지고 있어서 전기 기구의 과열 방지나 온도 측정, 물체의 표면 온도 변화 및 분포 상태의 측정 등의 목적으로 이용됩니다.

하지만 부착할 곳에 기름이나 녹이 있으면 변색 온도가 달라질 수 있습니다. 또 고온에서는 반응성이 있는 이산화황·암모니아·염산·황화수소 등과 같은 기체와 접촉해도 변색 온도가 달라지므로 주의해야 합니다.

선생님, 이게 디지털시계처럼 온도가 숫자로 표시되는 디지털 온도계예요. 정말 신기하지요?

그것 말고도 바늘이 온도를 가리키는 온도계도 있고, 또 온도 변화에 따라 색깔이 변하는 온도계도 있지요.

온도계 종류가 그렇게 많아요?

온도계는 온도에 따라 물질의 성질이 변하는 것을 이용하여 만들어요. 그래서 물질의 어떤 성질을 이용하느냐에 따라 몇 가지 유형으로 구분해 볼 수 있지요.

어떻게 구분할 수 있죠?

부피나 압력과 같은 역학적 성질의 변화를 이용한 역학적 온도계, 전기적 성질의 변화를 이용한 전기적 온도계 등으로 구분할 수 있어요.

역학적 온도계

전기적 온도계

그리고 더 세분하면 이런 종류들이 있지요.

온도계

역학적 온도계				전기적 온도계		기타 온도계			
액체 온도계	기체 온도계	금속 온도계	압력식 온도계	열전 온도계	저항 온도계	복사 온도계	체온계	베크만 온도계	시온 도료 ……

우아, 온도계 종류가 정말 많네요. 그런데 시온 도료는 뭔가요?

시온 도료는 일정한 온도에서 색이 변하는 화합물을 이용하여 온도의 변화를 알 수 있게 한 것이에요.

예를 들어 수족관에 붙여 놓으면 수족관의 물의 온도를 색깔 변화로 알 수 있지요.

정말 편리하겠네요.

물의 온도가 너무 내려가고 있군.

8

온도와 상태 변화

온도는 가만히 있지 않고 늘 움직이며 변화합니다.
온도의 여러 가지 변화와 우리의 체온 조절과는 어떤 관계가 있는지 알아봅시다.

8

여덟 번째 수업

온도와 상태 변화

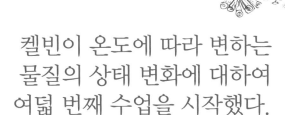

켈빈이 온도에 따라 변하는
물질의 상태 변화에 대하여
여덟 번째 수업을 시작했다.

　우리 주변에서 볼 수 있는 물질에는 흔히 3가지 상태가 있
습니다. 예를 들어, 금속과 같이 단단한 고체 상태가 있는가
하면 물이나 오일과 같이 유동성이 있는 액체 상태가 있습니
다. 또 공기처럼 쉽게 압축할 수 있는 기체 상태도 있습니다.
　물질의 상태는 항상 같은 상태로 머물러 있는 것이 아닙니
다. 예를 들어, 물을 가열하면 수증기가 되고 반대로 냉각시
키면 얼음이 됩니다. 물은 액체이지만 수증기는 기체, 그리
고 얼음은 고체 상태입니다. 물은 온도에 따라 그 상태를 바
꾸는 것입니다.

이것은 물뿐만이 아닙니다. 물질 또한 온도에 따라 그 상태를 바꾸기도 합니다. 물질들은 대부분 고온에서 기체 상태가 되고, 저온에서는 고체 상태가 됩니다. 그리고 그 중간 온도에서 액체의 상태를 취합니다. 물질의 상태는 온도에 의해서만 결정되는 것은 아닙니다. 물질에 작용하는 압력에 따라서 달라지기도 합니다.

물질의 상태 변화에는 열(에너지)이 관계합니다. 예를 들어, 고체인 얼음을 가열하면 녹아서 액체인 물이 되고, 액체인 물을 가열하면 기체인 수증기가 되는 것입니다.

증발이란?

빈 그릇에 물을 담아 놓고 그대로 두면 얼마 후에 물이 줄어든 것을 볼 수 있습니다. 왜 그럴까요?

이것은 액체 표면에서 액체가 기체로 변하는 현상(기화)이 일어나기 때문입니다. 이와 같이 액체 표면에서 일어나는 기화 현상을 증발이라고 합니다.

증발은 어느 정도 온도가 되면 액체 표면에서 일어나는데 온도가 높아질수록 그 속도가 빨라집니다.

물체의 온도는 그 물체를 이루는 분자들의 평균 운동 에너지와 관계가 있습니다. 액체 상태의 분자들은 무질서하게 돌아다니며 속도가 다른 분자와 부딪쳐 에너지를 잃기도 하고 얻기도 합니다.

액체 표면의 분자들이 밑에서 치받는 분자들에 의해 운동 에너지를 충분히 공급받을 경우 액체로부터 떨어져 나와 액체 바깥으로 기체가 되어 자유로이 날아가게 됩니다. 하지만 남아 있는 액체 분자들은 충돌로 인해 에너지를 잃어버리므로 액체의 총 에너지는 줄어들게 되어 온도가 내려가게 됩니다. 따라서 증발은 액체가 식는 과정이라 할 수 있습니다.

끓음이란?

물을 담은 그릇을 가열하면 증발 현상이 점점 빨라지고 나중에는 물 내부에서 기화 현상이 일어납니다.

이때에는 액체 속에서 생긴 기체가 부글거리며 표면으로 올라와 공기 중으로 빠져나갑니다. 이것은 그릇 밑바닥에 공기 방울이 생기는 모습을 보고 확인할 수 있습니다. 위쪽의 물은 온도가 낮기 때문에 위로 올라오던 기포는 다시 물로 변

물의 내부에서도 증발

끓음은 물이 끓는 현상이다.

합니다.

물의 온도가 전체적으로 100℃가 되면 기포는 물의 표면까지 올라와 공기 중으로 날아가 수증기의 형태로 존재합니다. 이것을 끓음이라 합니다.

액체가 끓을 때 액체 속에 있는 기포 내부의 증기압은 매우 커서 기포를 누르는 물이 압력을 견딜 수 있습니다. 증기압이 충분히 크지 않다면 물의 압력이 액체 속에서 생겨나는 모든 기포를 터뜨려 버립니다. 이 때문에 끓는점 이하의 온도에서는 기포가 형성되지 못하는 것입니다. 만일 액체 표면에 작용하는 압력이 커지게 되면 액체 내부에서 끓어오르기가 더욱 어려워지므로 끓는점은 더 올라가게 됩니다. 보통의 기압에서 물은 100℃에서 끓지만, 기압을 높여 주면 끓는 온도는 더 올라가게 됩니다.

압력솥은 바로 이런 원리를 이용한 조리 기구입니다. 압력솥은 뚜껑이 꽉 조이도록 만들어져서 정상적인 압력보다 더 높은 압력에 도달할 때까지 수증기가 빠져나가지 못하도록 설계되어 있습니다.

압력솥은 물이 끓는 온도를 100℃ 이상으로 끌어올려 음식이 빨리 익게 합니다. 압력솥은 대기압의 2배 정도가 되므로 물은 122℃ 정도에서 끓습니다. 이런 원리로 압력솥은 음식을 익히는 데 걸리는 시간을 줄입니다. 냄비에 감자를 삶아 익히는 데 보통 솥으로는 20~30분이 걸리지만 압력솥에서는 4~5분이면 됩니다.

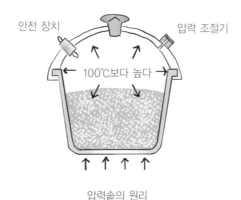

안전 장치　　　　　　　압력 조절기

100℃보다 높다

압력솥의 원리

어떤 사람들은 물이 끓으면 음식이 익은 것으로 생각하는데 음식이 요리되는 것은 물이 끓는 현상에 의해서가 아니라 열을 전달하는 현상에 의해서 일어납니다. 열이 전달되는 양은 물의 온도에 비례하기 때문에 달걀을 완전히 익혀 먹기 위해서는 충분히 오랫동안 가열해야 합니다.

또 이와 반대로 압력이 낮아지면 끓는점은 내려갑니다. 고도가 높은 산에서는 기압이 낮기 때문에 물이 100℃ 이하에서 끓습니다. 이 때문에 산에 올라가 평상시와 같이 밥을 하면 밥이 설익게 됩니다. 한라산 정상에서는 물이 약 95℃, 백두산에서는 90℃에서 끓게 됩니다. 이곳에서 음식을 익히려면 해수면에서보다 더 오랫동안 끓여야만 합니다. 뚜껑을 돌로 눌러 주면 어느 정도 온도를 높일 수 있습니다.

끓는점

물을 끓일 때 온도를 측정해 보면 온도가 계속 올라가다가 100℃가 되면 계속 가열하는데도 더 이상 물의 온도가 올라가지 않는 현상이 나타납니다.

액체가 끓기 시작하는 온도를 끓는점이라고 합니다. 이때는 물의 표면으로부터 증발이 일어날 뿐만 아니라 내부에서도 기포가 올라오기 시작합니다. 물은 100℃에서 더 이상 온도가 올라가지 않고 모두 수증기로 변하기 때문입니다.

끓는점은 외부의 압력에 따라 변합니다. 일반적으로 외부의 압력이 커질수록 끓는점은 높아집니다. 예를 들어, 압력솥은 솥 내부의 압력을 높여서 물이 더 높은 온도에서 끓도록 한 것입니다. 보통 1기압에서의 끓는 온도를 그 액체의 끓는점이라고 합니다.

순수한 물질은 끓는점이 일정합니다. 이것을 이용하면 물질의 순도를 판별할 수 있습니다. 일반적으로 다른 물질이 녹아 있는 용액은 순수한 액체보다 끓는점이 높습니다.

녹는점

얼음을 천천히 가열하면 녹아서 물이 됩니다. 이때 얼음이 녹고 있는 물의 온도를 온도계로 재어 보면 0℃를 가리키고 있는 것을 볼 수 있습니다.

얼음뿐만 아니라 금속도 온도를 계속 높여 주면 나중에는 액체가 됩니다. 이와 같이 고체는 가열하면 구성 입자들의 운동 에너지가 증가하여, 일정 온도에 도달하면 회전 운동을 일으키면서 자유롭게 되어 유동성 액체가 됩니다.

이와 같이 고체가 녹아서 액체가 되는 온도를 녹는점이라 합니다. 납이 녹는점은 327℃이고, 철이 녹는점은 1,535℃입니다.

순수한 금속이나 물질은 녹는점이 일정합니다. 하지만 불순물이 포함되거나 압력이 변하면 달라집니다. 1기압에서 순수한 물질이 녹는 온도를 그 물질의 녹는점이라 합니다. 하지만 유리나 플라스틱류는 녹는점이 뚜렷하지 않습니다. 녹는점에서는 일시적으로 고체와 액체가 함께 존재합니다.

숨은열(잠열)이란?

고체인 얼음을 가열해 보면 0℃가 될 때까지 온도가 계속 올라가다가 0℃가 되면 열을 계속 가열하고 있는데도 더 이상 얼음의 온도가 올라가지 않는 현상을 볼 수 있습니다. 하지만 얼음이 다 녹아서 물이 된 후에는 다시 온도가 올라가기 시작합니다.

앞에서 살펴본 바와 같이 어떤 물질이 고체에서 액체, 액체에서 기체로 변화하는 데는 열(에너지)이 필요합니다. 또 반대로 기체에서 액체, 액체에서 고체로 변화하려면 열(에너지)을 빼내야 합니다.

고체가 액체로 바뀌거나 액체가 기체로 바뀔 때는 물질의 상태가 완전히 바뀔 때까지 온도 변화가 없습니다. 왜냐하면 공급된 열이 전부 물질의 상태를 바꾸는 데 쓰이기 때문입니다.

이처럼 물질의 상태가 변하기 위해서는 열이 공급되거나 방출되어야 하는 것입니다. 물질의 상태 변화에 필요한 열을 숨은열(잠열)이라 합니다. 숨은열은 외부 압력에 따라서 달라질 수 있습니다.

물질의 상태가 달라지면 물질을 구성하는 분자 또는 원자 간의 거리가 달라집니다. 고체 상태에서는 분자나 원자 간의 거리가 가깝고 이웃하는 분자나 원자와 강하게 연결되어 있습니다.

하지만 액체 상태에서는 이웃 분자나 원자와의 결합이 깨어집니다. 이 결합을 깨뜨리는 데 열(에너지)이 필요하기 때문입니다.

이것은 액체에서 기체로 될 때도 마찬가지입니다. 수증기와 같은 기체 분자들은 액체 분자들과 같이 속박되어 있지 않고 더 자유로운 상태에 있습니다. 이 때문에 물이 수증기로 변할 때는 많은 열이 필요합니다. 또 반대로 수증기가 물로 변할 때는 많은 열을 방출하게 됩니다.

그래서 눈이 오는 날은 날씨가 포근한 것입니다. 공기 중에 있던 물방울이 얼면서 열을 내놓기 때문입니다. 하지만 눈이 쌓여 있는 다음 날부터는 추워집니다. 눈이 녹기 위해서는 반대로 열을 빼앗아 가기 때문에 기온이 내려가는 것입니다.

융해열과 기화열

얼음이 녹아서 물이 되는 데 필요한 숨은열을 융해열이라고 합니다. 얼음뿐만 아니라 모든 고체는 녹아서 액체가 되는 데 일정한 양의 열이 필요합니다. 이 열이 융해열입니다.

또 물이 끓어서 수증기가 되는 데 필요한 숨은열을 기화열이라고 합니다. 물뿐만 아니라 다른 액체도 기체로 바뀌려면 열을 흡수해야 합니다. 이 열이 기화열입니다.

피부에 알코올을 바르면 시원해집니다. 그 이유는 무엇 때문일까요? 이는 알코올이 증발하면서 피부의 열을 빼앗아 가기 때문입니다.

이러한 원리를 적용한 것이 냉장고입니다. 냉장고 안의 관

속에는 냉매가 들어 있는데, 이 냉매의 상태가 변할 때 일어나는 전열을 이용합니다. 냉매는 증발 → 압축 → 응축 → 팽창 과정을 거치면서 냉장고 안의 온도를 떨어뜨립니다. 냉장고가 돌아가면 반대로 방 안의 온도는 약간 상승합니다. 에어컨의 원리도 냉장고와 같습니다.

한여름에 마당에 물을 뿌리면 시원하게 느껴집니다. 그 이유는 무엇일까요? 물이 증발하면서 집 주위의 열을 빼앗아 가기 때문입니다.

운동을 하거나 날씨가 더워지면 땀이 납니다. 땀은 우리 몸의 온도를 조절해 주는 역할을 합니다. 땀이 어떻게 체온 조절을 하는 걸까요? 땀의 주성분은 물입니다. 물이 증발하면서 증발열을 빼앗아 피부의 온도를 낮추는 것입니다.

더운 여름철에 물통 속의 물은 뜨듯해져서 마시기에 영 찜찜합니다. 이런 경우 물통을 물수건으로 싸서 두면 물이 조금 시원해지는 것을 느낄 수 있습니다. 왜 그럴까요? 물이 증발하면서 물통의 열을 빼앗아 가므로 물통 속의 물이 냉각되는 효과가 있기 때문입니다.

추운 겨울날 똑같은 양의 100℃의 물과 60℃의 물을 대야에 담아 바깥에 두었습니다. 어느 쪽 물이 더 빨리 얼까요?

＿온도가 낮은 60℃의 물이요.

과연 그럴까요? 뜨거운 물이 찬물보다 식는 데 더 오래 걸리는 것은 사실이지만 반드시 그런 것은 아닙니다. 왜냐고요? 100℃의 물은 뜨겁기 때문에 60℃의 물보다 기화가 더많이 일어납니다. 이렇게 되면 남아 있는 물의 양이 더 많이 줄어들겠죠? 그러면 더 빨리 식어서 빨리 얼게 될 수도 있습니다.

추운 겨울날 아침 자동차 유리창에는 하얗게 성에가 낀 것을 볼 수 있습니다. 어떤 사람들은 이 성에를 녹이기 위해서 뜨거운 물을 갖다 부었다가 낭패를 보는 경우가 있습니다. 왜 그럴까요?

뜨거운 물을 갖다 부으면 유리창에 얼어붙은 성에를 쉽게 녹일 수 있습니다. 하지만 부었던 물이 곧 빠르게 증발하면서 많은 열을 빼앗아 가 유리창에 더 단단히 얼어붙어 버려떼어내기도 어려워지기 때문입니다. 이런 원리를 이용해 실내 스케이트장의 얼음 위에 뜨거운 물을 부어서 거칠어진 표면을 매끄럽게 만들 수 있습니다.

얼음에 소금을 뿌려 두면 온도가 더 내려가는 것을 볼 수있습니다. 그 이유는 뭘까요?

얼음에 소금을 뿌리면 먼저 얼음이 조금 녹습니다. 조금 녹은 얼음은 물이 되고 이 물에 다시 소금이 조금 녹습니다. 얼음이나 소금은 녹을 때 주위의 열을 빼앗습니다. 따라서 얼음이 녹고 그 물에 소금이 녹는 일이 반복되는 동안에 주위의 열을 계속 빼앗으므로 온도가 더 많이 내려가는 것입니다.

증발에 의한 체온 조절

더운 사막 지방에 사는 사람들은 천으로 온몸을 감싸고 다니는 것을 볼 수 있습니다. 그 이유는 무엇 때문일까요?

사막 지방의 기온은 40℃ 이상으로 매우 뜨겁게 가열되어 있기 때문에 피부가 공기 중에 직접 노출되면 정상적인 체온을 유지하기 위하여 땀을 계속 분비하여야 합니다. 그렇게 되면 몸에 물을 계속 보충해 주지 않으면 몸에 이상이 생길 수 있고 또한 강한 햇볕에 오래 노출되거나 뜨거운 바람이 불면 화상을 입을 수도 있습니다. 이 때문에 천으로 온몸을 감싸서 햇볕과 뜨거운 공기를 차단시키는 것입니다.

가끔 차력사들이 장작불로 벌겋게 달구어진 석탄 위를 맨발로 걷는 장면을 볼 수 있습니다. 이 일은 어떻게 가능한 것일까요?

사실 이 일은 매우 위험합니다. 함부로 흉내 내서는 절대 안 됩니다. 노련한 사람들조차 가끔 심한 화상을 입기도 하기 때문이죠. 하지만 이 일이 가능한 것은 다음과 같은 이유 때문입니다.

첫 번째 이유는 석탄이나 나무의 열전도율이 낮기 때문입니다. 석탄이나 나무가 뜨겁게 달구어졌을지라도 원래 성질은 마찬가지입니다. 이 때문에 석탄의 온도가 높아도 비교적 적은 양의 열만이 발바닥으로 전달됩니다. 만일 석탄 위가 아니라 열전도율이 큰 철판 위를 걷는다면 큰 화상을 입게 될 것입니다.

두 번째 이유는 발바닥에 생기는 땀이 열 전달을 감소시키기 때문입니다. 이 때문에 발로 전달되어야 할 열의 일부가 땀을 증발시키는 데 사용되게 됩니다. 이것은 젖은 손으로는 다리미를 만져도 손을 데지 않는 까닭과 흡사합니다.

사람은 뜨거운 물속에서는 견딜 수 없지만 뜨거운 기온에서는 어느 정도 견딜 수 있습니다. 한증탕 안의 온도는 100℃에 이를 정도로 높습니다. 이런 고온에서 어떻게 사람이 화상을 입지 않고 견딜 수 있는 것일까요?

사람이 한증탕 속에서 견딜 수 있는 것은 몸속에서 흘러나오는 땀이 기화되면서 몸에서 열을 빼앗아 가므로 체온이 상승하는 것을 막아 주기 때문입니다. 따라서 한증탕 속의 습도

한증막에서는 땀이 나기 때문에 화상을 입지 않는다.

는 가능한 낮게 유지해 주어야 합니다. 수증기 많은 곳은 땀의 기화가 일어나지 않아 체온이 상승하게 되므로 탕 속의 온도를 낮게 해야 하는 것입니다.

우리 몸은 주위 온도가 올라가면 체온을 유지하기 위하여 땀을 분비하기 때문에 피부 표면의 온도가 화상을 입을 정도까지 올라가지 않는 한 어느 정도까지는 데지 않고 견딜 수가 있습니다. 실험에 의하면 160℃까지도 견딜 수 있다고 합니다. 하지만 여기에도 조건이 있는데 습도가 높으면 땀이 증발하지 못해 심한 화상을 입게 되므로 습도가 낮아야 합니다.

겨울철에는 바람이 불지 않을 때보다 바람이 불 때 훨씬 더

춥게 느껴집니다. 그것은 무엇 때문인가요?

증발열 때문입니다. 바람이 불면 미세한 양이지만 계속적인 수분의 증발로 체온이 내려가게 되어 바람이 불지 않을 때보다도 훨씬 추위를 느끼게 됩니다. 몸으로 느끼는 더위나 추위를 수량적으로 나타낸 것을 체감 온도라고 합니다.

바람이 많이 불 경우 실제 온도와 체감 온도는 10℃까지 차이가 날 수 있습니다. 이런 날에도 온도계로 측정한 공기의 온도는 변화가 없습니다. 하지만 온도계의 밑부분에 물을 묻혀 두면 증발열을 빼앗기므로 온도계의 온도도 내려가게 됩니다. 시베리아 지방은 온도가 −50℃까지 내려간다고 하지만 바람이 그다지 불지 않기 때문에 우리가 생각하는 것보다 춥지 않다고 합니다.

더운 여름철에 개들은 혀를 길게 내밀고 유난히 헐떡거리는 모습을 볼 수 있습니다. 왜 개는 이런 행동을 하는 걸까요?

더울 때 땀은 체온을 방출하는 가장 뛰어난 수단입니다. 땀의 방출은 피부의 땀샘을 통해서 일어납니다. 그런데 개는 발가락 사이 말고는 땀샘이 없습니다. 이 때문에 개는 혀를 내밀고 헐떡거림으로써 입 안과 기관지 내의 열을 발산시킵니다.

돼지우리는 지저분하기 짝이 없습니다. 돼지우리는 깨끗한 볏짚을 넣어 주어도 얼마 안 있어 지저분해지게 됩니다. 돼지에게도 땀샘이 없습니다. 그래서 돼지는 몸을 식히기 위해 진흙탕 속에서 뒹구는 것입니다.

응결

여름철 냉장고 안에 두었던 음료수 캔의 바깥쪽에 물방울 같은 것이 생기는 것을 볼 수 있습니다. 이때 기체가 액체로 변하게 되는데, 이것을 응결이라 부릅니다.

수증기 분자들이 느리게 움직이는 캔 표면의 분자들과 충돌하는 경우 많은 양의 운동 에너지를 잃어버리므로 더 이상 기체 상태로는 존재할 수 없게 되어 응결하는 것입니다.

응결은 증발의 역과정입니다. 응결은 기체 분자들이 액체 분자에 의해 붙잡힐 때에도 일어납니다. 아무렇게나 운동하던 기체 분자들이 액체 표면과 충돌하면서 운동 에너지를 잃을 수 있는데, 이때 액체 분자들은 기체 분자들에 인력을 미쳐 액체 속에 붙잡아 놓을 수 있게 되는 것입니다.

응결이 일어나면 열이 방출됩니다. 분자가 응결할 때 잃은 운동 에너지는 이들이 충돌한 표면의 온도를 높일 수 있습니다. 뜨거운 수증기에 의해 화상을 입게 되면 같은 온도의 물에 의해 입은 화상보다 훨씬 더 심할 수 있습니다. 이는 수증기가 살갗을 적시면서 응결할 때 많은 열을 방출하기 때문입니다.

우리는 주전자의 물이 끓을 때 주전자 주둥이 근처에서 김을 볼 수 있습니다. 이 때문에 수증기를 볼 수 있다고 생각하는 경우가 많습니다. 하지만 이 김을 잘 관찰해 보면 이것은 수증기가 아니라 응결된 작은 물방울입니다. 따라서 수증기는 눈으로 볼 수 없는 것입니다.

구름과 안개는 어떻게 생길까요?

공기가 따뜻해지면 대류에 의해서 위로 상승합니다. 공기가 위로 올라가면 기압이 낮아지므로 팽창하게 됩니다. 또한 공기가 팽창하면 온도가 떨어지게 됩니다.

뿐만 아니라 냉각이 일어나면 공기 속에 있던 수증기 분자들이 서로 충돌하여 달라붙게 됩니다. 만일 그 속에 수증기 분자보다 더 크고 속력이 느린 입자나 이온이 있다면 수증기는 이 입자나 이온에 의해서 응결하게 됩니다. 이것이 바로 구름입니다.

또한 이때 지면 가까이에 형성된 구름을 안개라고 합니다. 안개는 습기가 많은 공기가 땅과 가까운 곳에서 냉각될 때 형성됩니다.

예를 들어, 바다나 호수로부터 불어온 습한 공기가 차가운 육지 위를 지나갈 때, 수증기가 냉각되면서 수증기의 일부가 응결되어 안개가 생기게 됩니다.

습도

대기는 항상 일정량의 수증기를 포함하고 있습니다. 그러나 어떤 온도에서 공기가 포함할 수 있는 수증기의 양에는 한도가 있습니다. 이 한도에 도달했을 때 공기는 수증기로 포화되었다고 말합니다.

습도란 공기 중에 포함된 수증기의 양이 어느 정도인가를 나타냅니다. 습도에는 상대 습도와 절대 습도가 있는데 대체적으로 상대 습도가 많이 쓰입니다.

상대 습도는 어떤 온도에서 수증기가 최대로 들어갈 수 있는 양에 대해 현재 수증기의 양을 백분율로 표시합니다. 공기가 수증기로 포화되었다면 상대 습도는 100%가 됩니다. 만일 공기 중의 수증기의 양이 일정하다면 온도가 높아질수록 습도는 낮아지게 됩니다.

포화 상태가 되면 수증기 분자들 중의 일부는 응결됩니다. 공기 중의 응결은 공기 분자들이 느리게 움직이는 낮은 온도에서 더 잘 일어납니다. 하지만 높은 온도에서 응결이 일어날 경우 충분히 느리게 움직이는 분자들로 응결이 일어나기도 합니다.

여름에 습도가 높으면 상대적으로 땀의 증발이 적어져 피부 근처의 온도가 올라가 체온 조절이 안 되므로 불쾌감을 느끼게 됩니다. 또 겨울철에 난방을 하여 실내 온도를 올리면 상대적으로 습도가 낮아지므로 기관지가 건조해져 감기에 걸릴 수가 있습니다. 기온이 적당하더라도 실내 습도가 너무 낮으면 피부에서 땀의 증발이 활발해져 바람이 불 때처럼 시원하거나 오히려 춥게 느껴질 수도 있습니다. 이런 경우 습도를 올려 주면 체온의 증발을 막아 따뜻하게 느껴집니다. 더불어 적당한 습도를 유지하는 것이 겨울철 난방비를 아끼는 길이기도 합니다.

증발 속도와 응결 속도

목욕탕에서 샤워를 끝내고 몸의 물기를 닦지 않은 채 밖으로 나오면 갑자기 으스스한 한기를 느낄 때가 있습니다. 왜 그럴까요?

이것은 샤워실 안은 매우 습하기 때문에 공기 중의 수증기가 피부에 응결하면서 몸을 따뜻하게 해 주는 효과가 있지만 샤워실 밖에서는 습도가 낮아서 증발이 빠르게 일어나기 때문입니다.

이처럼 증발과 응결은 따로따로 일어나지 않고 동시에 일어납니다. 액체의 표면에서 증발되는 양이 응결되는 양보다 많을 때 액체는 냉각되고 응결되는 양보다 증발되는 양이 많을 때는 온도가 상승하게 됩니다.

목욕을 할 때 욕실 거울이 뿌옇게 되는 이유를 살펴볼까요? 공기가 포함할 수 있는 수분의 양에는 한계가 있습니다. 샤워실 안은 습하기 때문에 한계를 초과한 수분이 물방울을 형성하게 됩니다.

새벽에 밖에 나가 보면 자동차의 바깥쪽 유리에 이슬이 맺혀 있는 것을 볼 수 있습니다. 그 이유는 무엇 때문일까요?

해가 지고 나면 기온이 떨어져서 주변 모든 물질의 온도가 내려갑니다. 특히 열전도율이 큰 금속은 나무나 공기보다 온도가 먼저 내려갑니다. 이때 주위에 있는 공기도 먼저 식으면서 공기 중의 수분 함유량이 한계를 초과하게 되어 물방울로 뭉치게 됩니다. 수분이 물로 뭉칠 때는 다른 물질에 달라붙어 석출되기 때문에 유리에 이슬막이 생기는 것입니다. 이슬이 바깥 유리에만 생기는 이유는 자동차 안의 공기 속의 수분은 양이 많지 않기 때문입니다.

또 비가 올 때는 차 유리 안쪽에 뿌옇게 이슬막이 생기는 것을 볼 수 있습니다. 그 이유는 무엇 때문일까요?

대기보다 차가운 빗방울이 차 유리를 냉각시키고 자동차가 달릴 때 창밖의 물이 기화되면서 열을 빼앗아 가기 때문입니다. 그래서 바깥에는 이슬막이 생기지 않고 안쪽에만 생기는 것입니다. 이때 차 유리 안쪽에 생긴 이슬막을 제거하기 위해 히터를 켜는 것과 에어컨을 켜는 것 중 어느 방법이 더 효과적일까요?

히터를 켜는 경우 공기가 더워지고 더운 공기는 수분을 더 많이 포함하고 있어서 유리창에 붙어 있는 물방울들을 다시 기화시키는 효과가 있습니다. 하지만 이 공기는 결국 계속 냉각되는 차가운 유리창의 어느 부분에선가 다시 식어 물방울로 맺히게 됩니다. 이 때문에 더워진 앞 유리 아랫부분 외에는 뿌연 상태로 남게 됩니다.

에어컨을 켜는 경우 에어컨을 통과해 나오는 찬 공기는 안에서 냉각되어 나올 때 수분을 잃은 건조한 공기입니다. 이 공기가 차 안으로 들어오면서 온도가 높아지면 수분을 더 함유할 수 있으므로 유리창의 물방울을 제거하게 됩니다. 따라서 에어컨을 켜는 것이 효과가 더 높다고 할 수 있습니다.

결빙

액체를 계속 냉각시켜 가면 분자의 운동이 느려지고 마침내 분자 사이의 인력에 의해서 분자들은 융합하게 됩니다. 이때 분자들은 일정한 위치를 중심으로 진동하면서 고체를 형성하게 됩니다.

이러한 과정을 잘 관찰해 볼 수 있는 물질은 물입니다. 보통 물은 1기압 하에서는 0℃에서 얼음이 생성됩니다. 물이 얼음이 되는 상태 변화를 결빙이라고 합니다.

순수한 물은 0℃에서 결빙되지만 소금이 물에 용해되어 있을 때(바닷물)는 0℃ 이하에서 결빙이 일어납니다.

그 이유는 무엇 때문일까요?

바닷물 속에 포함되어 있는 소금 때문에 바닷물은 0℃ 이하에서 얼게 됩니다. 그 이유는 소금이 어는점을 낮게 하기 때문입니다. 아울러 소금의 양이 많을수록 바닷물을 더 잘 얼지 않게 됩니다.

또한 강물도 불순물이 많이 포함되어 있으므로 순수한 물보다는 낮은 온도에서 얼게 됩니다. 강물의 오염도가 높을수록 강물이 잘 얼지 않게 됩니다.

물에 다른 물질이 녹아 있으면 왜 낮은 온도에서 어는 걸까요?

그것은 다른 분자나 이온이 물 분자들과 결합하여 육각형의 얼음 결정을 만드는 과정을 방해하기 때문입니다. 얼음 결정이 만들어지는 순간부터 이러한 방해는 더욱 심해지는데, 그것은 융합되지 않은 물 분자에 비해 다른 물질의 분자들이 상대적으로 많아지기 때문입니다.

소금뿐만이 아니라 일반적으로 설탕을 비롯한 다른 물질을 물에 용해시켜도 이런 일이 일어납니다. 자동차에 넣는 부동액은 이런 성질을 이용하여 추운 겨울철에도 물이 얼지 않도록 어는 온도를 떨어뜨린 것입니다.

선생님, 날씨가 더운데 저렇게 온몸을 천으로 감싸고 있으면 더욱 덥지 않을까요?

온몸을 천으로 감싼 데는 이유가 있지요.

어떤 이유인가요?

사막의 기온은 40℃ 이상으로 매우 뜨겁기 때문에 피부를 밖으로 드러내면 정상적인 체온을 유지하기 위해서 땀을 계속 흘리지요.

으~ 햇볕이 너무 뜨거워.

그렇기 때문에 물을 계속 마시지 않으면 몸에 이상이 생길 수 있고 또한 강한 햇볕에 오래 노출되거나 뜨거운 바람이 불면 화상을 입을 수도 있지요.

그렇겠군요.

아으~ 햇볕이 너무 뜨거워서 죽을 거 같아.

그래서 천으로 온몸을 감싸서 햇볕과 뜨거운 공기를 차단시키는 것입니다.

휴~ 이제야 좀 날 것 같다.

아. 그런 이유가 있었군요.

그러면 한증탕 같은 뜨거운 고온에서는 어떻게 사람이 화상을 입지 않고 견딜 수 있는 것이죠?

그건 몸속에서 흘러나오는 땀이 기화되면서 몸의 열을 빼앗아 체온이 상승하는 것을 막아 주기 때문이에요.

황토방

그럼 직접 체험해 보러 같이 찜질방에 가요, 선생님!

찜질방

허허, 그럴까요?

온도와 생물

우리가 살아가는 데 있어 온도는 어떤 역할을 할까요?
가장 적정한 온도와 동물들의 체온 조절에 대해서 알아보도록 합시다.

9

마지막 수업

온도와 생물

켈빈이 온도에 관한
마지막 수업을 시작했다.

사람의 체온은 거의 일정합니다. 정상 어른의 체온은 보통 37 ± 0.5℃입니다.

사람의 체온은 왜 일정할까요?

온도는 생물과도 관련이 깊습니다. 생물체 내에서 일어나는 화학 반응과 생리 작용은 온도에 따라 달라지기 때문입니다.

이번 시간에는 온도와 생물과의 관계를 알아보도록 하겠습니다.

변온 동물과 정온 동물

동물은 체온에 따라 변온 동물과 정온 동물로 크게 나누어
집니다.

정온 동물은 주위의 기온에 관계없이 항상 일정한 체온을
유지할 수 있는 동물을 말하며, 온혈 동물이라고도 하고 항
온 동물이라고도 합니다. 온혈 동물은 피가 따뜻한 동물이란
뜻이고, 항온 동물이란 항상 따뜻한 동물이란 뜻입니다.

정온 동물에는 개, 소, 양과 같이 젖을 먹고 크는 동물(포유
류)과 닭이나 오리, 비둘기와 같이 날개가 있으며 알을 낳는
동물(조류)이 속합니다.

변온 동물이란 기온이나 수온과 같이 외계의 온도에 의하
여 체온이 변하는 동물을 말합니다. 변온 동물은 피가 찬 동

양서류인 개구리는 변온 동물이며 겨울잠을 잔다.

물이란 뜻으로 냉혈 동물이라고도 부릅니다.

변온 동물에는 등뼈가 없는 동물(무척추동물)과 물고기(어류)와 개구리(양서류), 도마뱀(파충류) 등이 속합니다.

체온 조절 기구가 발달해 있느냐 그렇지 못하느냐의 차이로 변온 동물과 정온 동물로 구별됩니다.

정온 동물에는 체온을 조절하는 기구가 있어서 주위 온도와 상관없이 체온을 유지합니다. 반면 변온 동물은 체온을 조절하는 기구가 없어서 주위 온도에 따라 체온이 오르내리게 됩니다.

어떤 동물이든 살아 있는 이상 근육이나 선(腺)의 활동으로 몸 안에서 열이 발생합니다. 하지만 정온 동물외의 동물에서는 열 발생률이 낮습니다. 게다가 주위와 몸속의 열이 쉽게 교환되어 체온이 주위 온도와 금방 비슷해지게 됩니다.

체온 조절 기능이 발달된 조류와 포유류는 생존에 유리합니다. 외부 온도에 거의 관계없이 체온을 유지할 수 있으므로 지구상 어디에서나 서식할 수 있습니다.

생물이 하등 생물에서 고등 생물로 진화했다는 진화론 관점에서 보면 파충류의 어떤 원시종으로부터 체온을 일정하게 유지할 수 있는 조류와 포유류가 태어난 것이 아닌가 생각됩니다.

체온 조절을 잘하려면

동물이 체온을 일정하게 유지하려면 다음과 같은 구조가 발달되어야 합니다.

1. 효율적인 폐와 심장이 있어야 합니다.

체내에서 열을 발생시키기 위해서는 산소와 영양 보급이 필요합니다. 산소는 혈액과 결합하여 몸속 곳곳에 보내지므로 튼튼한 폐와 심장이 필요합니다. 폐에서 능률적으로 물질 교체가 이루어질 수 있어야 하고 심장은 완전한 4실로 나누어져야 합니다.

2. 땀을 방출해야 합니다.

체온이 일정 온도 이상으로 오르는 것을 방지하기 위해서 땀을 흘리거나 횟수를 늘려 열을 방출할 수 있어야 합니다.

3. 피부를 보온할 수 있어야 합니다.

몸의 표면으로부터 열이 달아나는 것을 방지하기 위하여 털이나 깃털이 있어야 합니다. 사람의 경우 의복을 이용해 보온하게 됩니다.

정온 동물과 체온 조절

정온 동물이라고 하더라도 처음부터 체온 조절이 잘되는 것은 아닙니다. 태어난 지 얼마 안 되는 신생아나 알에서 갓 깨어난 조류는 체온 조절이 잘되지 않습니다. 체온 조절 기구는 대뇌(시상 하부) 신경 섬유의 완성과 관계가 있기 때문입니다.

닭은 부화 후 4~5일이면 체온 조절 기구가 완성되지만, 쥐는 20~25일 정도가 지나야 합니다. 반면 사람은 몇 년씩이나 걸릴 정도로 많은 시간이 소요됩니다. 그래서 어린아이가 열이 나면 위험하므로 열을 강제로 내려 줘야 합니다.

포유류 중에도 하등의 포유류인 식충류·익수류·설치류 가운데 겨울잠을 자는 동물들은 겨울철에 일시적으로 변온이 되기도 합니다.

변온 동물과 체온 조절

변온 동물은 외부와 열 교환이 빠르게 일어납니다. 변온 동물도 활동을 하여 근육 운동이 있으면 바깥 온도보다 몇 ℃

정도 높아집니다. 하지만 변온 동물의 경우 근육 운동이 끝나면 곧 외부 온도와 같아집니다.

변온 동물 중에도 체온 조절을 하는 경우가 있습니다.

예를 들면, 꿀벌은 겨울철에 온도가 내려가면 집단적으로 모여 열의 발산을 방지하고 동시에 근육 운동을 하여 열을 냅니다. 이 때문에 꿀벌은 동면하지 않고 겨울을 날 수가 있습니다.

또 도마뱀류는 체온이 내려가면 피부에 있는 색소 세포를 확산하고 복사열을 흡수하여 체온을 높이며, 반대로 체온이 너무 올라가면 호흡수를 늘려서 입에서 열을 발산시키거나 색소 세포를 응집하여 열의 흡수를 방지합니다.

하지만 변온 동물에서 일어나는 체온 조절은 불완전해서 어느 정도 이하로 내려가면 체내의 물질대사가 낮아져서 활발히 활동할 수 없게 됩니다.

이 때문에 개구리·뱀·도마뱀 등은 추운 겨울철에는 땅속에 들어가 겨울잠을 자게 됩니다. 또 열대 지방에서는 반대로 덥고 건조한 시기가 되면 여름잠을 잡니다.

체온이란?

체온이란 신체 내부의 온도를 말합니다. 그런데 체온이 일정하다고 하는 정온 동물도 신체의 모든 부위의 온도가 같은 것은 아닙니다. 신체 부위에 따라 온도는 매우 차이가 납니다.

즉, 어느 부위의 온도를 체온으로 하느냐에 따라서 체온은 달라집니다. 예를 들면, 폐는 호흡을 하기 때문에 항상 찬 공기와 접하므로 체온이 비교적 낮습니다. 반면 간과 같이 끊임없이 열을 생성하는 곳은 체온이 높습니다.

어떤 학자들은 혈액은 신체의 내부를 끊임없이 순환하고 있으므로 혈액의 온도를 표준 체온으로 해야 한다고 주장하기도 합니다. 하지만 혈액의 온도도 똑같지는 않습니다. 예를 들면, 심장의 좌심실 혈액의 온도는 폐에 의해서 냉각되기 때문에 우심실 혈액의 온도보다 낮습니다.

의학적으로 체온은 다음과 같이 정의됩니다.

체온은 신체의 주요 내장의 온도로서, 의미가 없는 우연한 변화를 하지 않는 곳의 온도이다. 그리고 그것이 실제로 측정할 수 있는 것이어야 한다.

이 조건에 가장 적합한 곳은 항문에서 6cm 이상 들어간 곳에서 측정한 직장의 온도입니다. 이를 표준 체온으로 정하고 있지만 직장의 온도를 잰다는 것은 번거롭기 때문에 흔히 측정하기 간편한 겨드랑이의 온도를 잽니다. 겨드랑이는 팔을 바짝 밀착시키면 그 속이 공동이 되어 신체 내부의 온도에 가까워지기 때문입니다. 그러나 이 방법으로 체온을 잴 경우 일정 온도에 이르기까지는 적어도 20분 이상 걸리는 문제가 있습니다.

그래서 최근에는 구강의 온도를 측정합니다. 체온계를 혀 밑에 넣은 채 입을 다물고 측정하는 방법입니다. 이 경우 약 5분 정도가 지나면 거의 일정한 온도를 유지합니다.

건강한 사람이면 안정 상태에 있을 때의 구강 온도는 직장 온도보다 0.6℃ 낮고, 겨드랑이 온도는 구강 온도보다 0.2℃ 낮습니다. 사람의 정상 체온은 겨드랑이 온도로 36.9℃ 정도이며, 동양인이나 서양인이나 별반 차이가 없습니다. 다만 어린이는 어른보다 약간 높고, 노인은 약간 낮은 경향이 있습니다. 하지만 남자와 여자의 성별로 따져 봤을 때 별 차이가 없습니다.

사람의 체온은 항상 일정할까요?

그렇지 않습니다. 사람의 체온은 하루 사이에도 약간씩 변동합니다.

체온은 하루 중 새벽 4~6시에 가장 낮고, 저녁 6~8시가 가장 높습니다. 하지만 그 차이는 1.0℃ 이내에 불과합니다.

체온이 주기적으로 변동하는 원인은 정확히 밝혀지지 않았습니다. 하지만 사람은 주로 낮에 활동하므로 낮에는 체내의 열 생산이 많고, 밤에는 잠을 자기 때문에 체온이 낮은 것이 원인이라고 여겨집니다.

식사를 하면 체온은 약 0.2~0.3℃ 높아집니다. 이 때문에 추운 날 식당에서 식사를 하고 나오면 따뜻하게 느껴지는 것입니다.

운동도 체온을 변동시킵니다. 운동을 하면 체온은 약간 올라가고, 심한 운동에 의해서는 40℃에 이르기도 합니다.

체온은 스트레스에 의해서도 영향을 받습니다.

체온은 주위 온도나 의복의 영향도 약간은 받습니다. 여성의 경우 체온은 월경 주기에 따라 변하기도 합니다.

이상에서 살펴본 바와 같이 체온은 식사를 하거나 운동을 하면 약간 변동될 수 있습니다. 또 정신적인 활동이나 스트

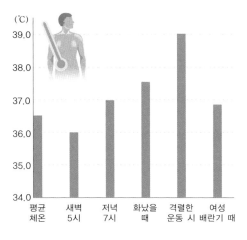

하루 중의 체온 변화

레스에 의해서도 약간 변합니다.

음식·운동·정신 감동 등 체온을 변경시킬 만한 조건이 없을 때에 측정한 체온을 기초 체온이라 합니다. 기초 체온은 6~8시간의 안정된 수면을 취한 후 아침 일찍 깨어나 잠자리에서 나오기 전에 체온계를 입에 물어서 측정합니다.

계절이나 주위 온도에 따라서도 체온은 조금씩 변합니다. 주위 온도의 변화에 의한 영향은 실험적으로는 대체로 10℃에 대하여 0.7℃ 상승한다고 합니다. 계절 변동에 따른 체온의 변화는 별로 없습니다. 여름과 겨울에 체온은 0.5℃ 정도의 차이가 있습니다.

체온은 몇 ℃까지 올라가면 위험할까요?

체온의 최고 한계는 보통 열병에서는 42℃ 정도입니다. 어떤 질병의 경우 체온이 44.7℃나 된다는 보고도 있습니다. 하지만 44℃ 이하에서는 생명을 유지하기도 하며 낮은 쪽으로는 24℃에서 소생한 사례도 더러 있습니다.

체온이 일정하게 유지되는 이유는?

체온이 일정하게 유지되는 것은 체내에서 발생되는 열과 바깥으로 방출되는 열이 평형을 유지하고 있기 때문입니다. 몸에서 발생하는 열과 발산하는 열의 양이 비슷할 때 쾌적한 느낌을 갖게 됩니다.

항온 동물은 어느 범위 내에서 체온을 유지해야만 살 수 있습니다. 사람은 평균 체온인 37℃에서 아래위로 1℃ 이상만 벗어나도 병이 나고 3℃ 이상 차이가 나면 생명이 위험해집니다.

체내에서 발생하는 열은 물질대사 때의 화학 반응에 의해서 발생합니다. 끊임없는 활동으로 대사가 왕성한 근육이나 간과 심장 등이 주요한 열 생산 기관이 됩니다. 특히 근육의 운동에 의한 열 생산이 많습니다. 추울 때 몸이 떨리는 것이 좋은 예입니다.

열이 방출되는 곳은 피부입니다. 열 생산 기관에서 생겨난 열은 먼저 혈액으로 전해집니다. 그리고 이 혈액이 피부 표면을 흐를 때 바깥 공기와 접촉함으로써 열이 체외로 방출됩니다.

온도에 따라 달라지는 체온 조절 경로

피부에서의 열 방출은 주로 복사, 전도, 대류, 그리고 피부 표면의 땀의 증발을 통해서 일어납니다.

바깥 온도가 10~30℃ 범위에 있으면 주로 복사와 대류에 의해서 일어나며, 피부의 혈액 순환이 중요한 구실을 합니다.

하지만 35℃ 이상이 되면 피부의 수분 증발에 의해서 열 방출이 일어납니다. 그래서 땀을 많이 흘리게 되면 물을 계속 마셔야 하는 것입니다.

복사란 몸에서 복사열, 즉 적외선을 내보내는 현상입니다. 30℃가 조금 넘는 사람의 피부에서도 적외선이 방출됩니다.

이 적외선은 눈에 보이지 않지만 따뜻한 열기로 그 존재를 알 수 있습니다.

전도는 주위의 사물과 몸이 닿을 때 열이 이동하는 현상입니다. 둘 사이의 온도 차가 크고 열전도가 큰 물질일수록 열의 이동이 활발합니다. 한겨울에 차가운 시멘트 바닥에 엉덩이를 깔고 앉으면 몇 분을 버티기 어려운 것도 시멘트가 열을 계속 뺏기 때문입니다.

대류는 기체나 액체에서 부분적인 밀도 차로 인해 생기는 흐름입니다. 추운 곳에 피부를 노출할 경우, 피부 주위의 공기는 따뜻해지면서 밀도가 낮아져 위로 이동하고 차가운 공기가 그 자리에 들어오는 현상입니다. 이렇게 해서 몸은 주위에 열을 뺏기게 됩니다.

더위나 추위를 느끼지 않는 상태에서 쉬고 있는 몸의 열은 어떻게 발산될까요?

가장 많은 부분은 복사열로 약 45%를 차지합니다. 대류와 전도는 각각 15% 정도를 차지합니다. 나머지 25%는 땀을 통한 증발열입니다. 땀을 흘릴 것 같지 않은 날씨에도 우리가 모르는 사이 하루에 0.8L 정도의 땀이 증발합니다. 이때 바람이 분다면 대류와 전도, 증발의 비중이 올라갑니다. 즉, 공기의 순환이 빨라지기 때문입니다.

온도가 내려갈수록 전도와 대류에 의해 많은 열을 뺏기게 됩니다. 이 경우 몸에서 발생하는 열보다 주위에 뺏기는 열이 많아지므로 보온을 하지 않으면 위험해집니다.

겨울에 옷을 여러 겹 입는 것도 대류를 막고 옷과 옷 사이에 열전도도가 낮은 공기층을 둠으로써 열의 이동을 막기 위한 것입니다.

반면 땀의 양은 크게 줄고 대신 소변을 통해 과잉의 수분을 배출합니다. 즉 증발열로 체열을 뺏기지 않기 위한 것입니다.

그러나 복사, 전도, 대류를 통한 열 방출의 효율은 주위 온도가 올라갈수록 급격히 떨어집니다. 특히 주위 온도가 체온보다 높아지면 이런 방법으로는 열이 나가기는커녕 오히려 체내로 들어옵니다. 즉 몸이 내보내는 복사열보다 주위에서 몸으로 들어오는 복사열이 더 많아지고, 몸이 닿는 곳이 더 뜨거워 열이 오히려 차가운 몸 쪽으로 흘러들어 옵니다.

대류의 경우에도 몸 가까이 있는 공기가 오히려 온도가 더 낮아져 아래로 이동하고 뜨거운 공기가 대체하게 됩니다. 결국 이 경우에 효과적인 체온 조절 방법은 전적으로 땀을 증발시키는 데 의존하게 되는 것입니다. 땀은 생명체가 열을 방출하는 가장 효과적인 방법입니다.

인체의 체온 조절

우리 몸의 체온 조절은 뇌에서 합니다. 조금 더 정확하게 말하면 뇌의 시상 하부가 체온을 감지하여 조절하는 기능을 하고 있습니다.

시상 하부는 시상의 아래쪽에서 뇌하수체로 이어지는 부분입니다. 시상 하부는 항온기와 비슷하여, 체온의 큰 변동을 자동적으로 방지합니다. 예를 들어 활발한 활동에 의해서 체온이 올라가면 피부 근처의 혈관을 확장하여 몸 표면으로의 혈액의 흐름을 증가시킵니다. 이는 피부의 온도를 높이고, 땀을 내게 하여 몸 바깥으로의 열 손실을 증가시킵니다. 만일 이곳에 장애가 일어나게 되면 고열이 납니다.

만약 피부의 온도가 정상치 이하로 내려가면 피부의 온도 감지기가 시상 하부에 알리고, 시상 하부는 몸을 떨게 하여 체온을 높입니다. 만일 이 부분에 장애가 일어나게 되면 나 체온증을 유발합니다. 이곳은 수면을 조절하는 중심 역할을 하고 있습니다. 이 때문에 감기에 걸리면 열이 나고 졸음이 오는 것입니다. 열대야라 일컬어지는 무더운 여름밤에 종종 잠을 잘 이루지 못하는 경험을 해 봤을 것입니다. 이런 현상들은 모두 체온을 조절하고, 잠을 자게 하는 중추가 서로 가까이 연결되어 있어서 생기는 현상입니다.

체온은 인체 내에서 발생하는 에너지와 몸이 하는 일, 그리고 피부를 통한 열 출입에 의한 균형에 의존합니다. 우리 몸에 내장된 에너지는 섭취한 음식물로부터 얻어집니다. 이 열은 호흡이나 심장의 박동 등 신체 각 기관의 활동에 쓰입니다.

우리 몸이 일을 하면 몸의 에너지를 사용하지만 동시에 열도 발생합니다. 소모된 에너지가 모두 일로 변환되는 것이 아니기 때문입니다. 우리가 운동을 할 때 소모되는 에너지는 일보다는 열로 더 많이 변환됩니다. 운동을 하면 땀을 흘리는 것도 열에 의해 올라가는 체온을 식히기 위해서입니다.

엔진의 경우 열효율은 연료로부터 얻어진 에너지가 일을 하는 데 얼마나 사용되었는가로 나타냅니다. 증기 기관의 열효율은 17% 정도이고 가솔린 기관은 열효율이 38% 정도입니다. 인체의 열효율은 이보다 좋다고 할 수 없습니다.

사람은 더위에 더 강할까요?

진화론적으로 보면 사람의 몸은 추위보다 더위에 잘 견디게 진화해 왔다고 말할 수 있습니다. 물론 추위를 더 잘 견디거나 더위를 더 잘 견디는 사람이 있긴 합니다. 하지만 이것은 어디까지나 다른 사람과 비교한 상대적인 것에 불과합니다.

사람은 옷을 입지 않은 자연 상태의 벗은 몸으로는 20℃만 돼도 밤을 견디기 어렵습니다. 이것은 더위와 추위 모두에 어느 정도 견디는 대부분의 동물들과 다른 점입니다.

인간의 몸은 여러 가지 면에서 열 방출에 효과적으로 되어 있습니다. 즉 인간의 신체적 특징은 열 방출에 유리하게 진화해 왔다는 것을 의미합니다.

인간의 피부에는 200만 개 정도의 땀샘이 있는데 포유류에서 이렇게 땀샘이 많은 동물이 드뭅니다. 땀 배출은 몸을 식히는 데 가장 효율적인 방법입니다. 털이 없는 매끄러운 피부는 땀이 좀 더 쉽게 증발할 수 있게 해 줍니다. 이것은 자체 보온은 포기했다는 의미이기도 합니다.

인간은 몸체에 비해서 팔다리가 긴 편입니다. 이것은 체중과 비교할 때 피부 면적이 넓다는 것을 의미합니다. 그만큼 우리 몸은 열을 잘 내보낼 수 있는 구조로 되어 있습니다.

원시 인류는 수렵 생활을 했습니다. 자신보다 훨씬 빠른 동물을 잡으려고 몇 시간, 심지어 며칠씩 쫓아다녔습니다. 털이 난 동물들은 전속력으로 오랫동안 달리기 어렵습니다. 격렬한 움직임으로 과열된 몸을 주체하기 어렵기 때문입니다. 반면 인류는 한참을 달려도 거뜬합니다. 효과적으로 열을 내보낼 수 있기 때문입니다.

대신 추위에 대해서는 손과 머리를 써서 대응하고 있습니다. 잡은 짐승의 가죽을 벗겨 몸을 가리고 불을 다루기 시작하면서 웬만한 추위는 거뜬히 견디게 된 것입니다.

사람은 얼마나 높은 기온에서까지 살 수 있을까요?

한국에서는 상상하기 어려운 일이지만 지구상에는 기온이 45℃가 넘는 곳이 꽤 많으며 심지어 50℃ 이상 되는 곳도 있습니다.

이 온도는 체온보다 무려 8℃ 이상 높은 것입니다. 지금까지 기록된 최고 온도는 1992년 9월 북아프리카 리비아의 엘아지지아(El Azizia)라는 곳에서 측정된 것으로 58℃입니다.

이렇게 주위 온도가 체온을 훨씬 뛰어넘는 곳에서도 인간은 나름대로 적응하며 살고 있습니다. 사막의 사람들은 옷으로 온몸을 덮어 작열하는 태양을 막습니다. 그런데 이 옷은

마치 천을 둘러쓴 것처럼 헐렁한데 그것은 땀이 쉽게 증발하기 위함입니다.

하지만 사람이 진짜 견디기 어려운 곳은 따로 있습니다. 습도가 높은 환경에서는 40℃가 채 안 되더라도 몸이 땀으로 범벅이 됩니다. 서인도 제도나 자메이카 같은 지역의 여름 날씨는 악명이 높습니다. 대부분의 사람들에게 습기가 포화 상태인 50℃가 사우나처럼 건조한 상태의 90℃보다 훨씬 견디기 어렵다고 합니다.

열대에 사는 사람들은 온대에 사는 사람들이 견딜 수 없는 더위에서도 아무렇지도 않게 잘 견딥니다. 여름이 되면 호주의 중부 지방에서는 그늘의 기온이 46℃를 오르내리며 최고로 올라갈 때는 55℃까지 올라간 기록도 있습니다.

홍해를 통해서 페르시아 만으로 들어가는 배 안의 온도는 선풍기를 아무리 틀어도 50℃를 웃돈다고 합니다.

이러한 기온은 모두 응달에서 측정된 것입니다. 공기의 온도를 햇빛이 비치는 곳에서 측정하면 그것은 공기의 온도가 아니고 태양 광선의 온도가 되기 때문이지요. 기온은 공기의 온도를 말하는 것이므로 음지에서 측정해야만 주위의 공기 온도를 측정하게 된다는 것입니다.

사람은 몇 ℃까지 견딜 수 있을까요?

보통 물의 온도가 50℃가 넘으면 피부 손상이 시작되고, 80℃가 넘으면 화상을 입게 됩니다. 하지만 사우나 안에 있는 온도계는 보통 100~110℃를 가리킵니다.

사람은 생각보다 훨씬 더 높은 온도까지 견딜 수 있습니다. 영국의 물리학자 블래그덴과 첸틀리는 빵 굽는 노 속에서 자신들이 직접 실험하여 160℃에서 1시간을 견뎌 냈습니다. 어떻게 이런 일이 가능할까요?

땀을 대량으로 분비시킴으로써 뜨거운 열기를 이겨 냈기 때문입니다. 땀의 발산은 피부에 직접 닿는 공기층으로부터 대량의 열을 흡수하기 때문에 그에 의해 체온을 충분히 떨어뜨립니다.

하지만 조건이 있습니다. 무엇보다도 몸이 열원에 직접 닿아서는 안 됩니다. 그다음에는 공기가 건조해야 합니다. 즉 습도가 충분히 낮아야 합니다. 습기가 적은 지역에 있는 사람들이 체온보다 높은 37℃ 이상에서 견디는 것은 수월합니다. 하지만 습기가 많으면 24℃만 되어도 견디기가 어려울 수 있습니다.

땀을 증발시키는 것이 열을 식히는 데 중요합니다. 프랑스

의 유명한 사이클 경주에서 5차례나 우승한 벨기에 인 메르
크스는 험한 지형에서도 6시간 내내 전속력으로 사이클을 탈
수 있습니다. 하지만 그는 실내에서 사이클을 타 본 결과 1시
간 만에 녹초가 되어 버렸습니다. 왜 그럴까요?

격렬한 운동으로 생긴 열을 내보내기에는 역부족이었기
때문입니다. 야외에서 사이클을 탈 때는 빠른 속도로 이동하
기 때문에 강한 맞바람을 안고 달립니다. 땀이 증발한 수증
기는 순식간에 바람에 실려 가서 체온을 떨어뜨려 줍니다.

하지만 실내에서는 땀에서 증발한 수증기가 주위에 머물
러 있기 때문에 땀이 잘 증발되지 않고 물방울이 되어 떨어
지기 때문에 체온이 내려가지 않습니다. 야외에서 조깅을 할
때보다 러닝머신에서 달릴 때 더 힘들게 느껴지는 것도 같은
이유입니다.

사막의 주민들은 낮에 별로 활동하지 않아도 하루에 4L 정
도의 물을 마십니다. 몇 년 전에 인도에서는 폭서로 1,200여
명이 사망한 일이 있습니다. 그 원인은 더위보다는 마실 물
이 부족했기 때문이었습니다.

물만 충분하다면 인체는 웬만한 더위에는 충분히 견딜 수
있습니다. 흘린 땀은 물을 마셔서 보충하지 않으면 탈수가
진행됩니다. 우리 몸속은 3~4%의 물만 줄어들어도 갈증이

심해집니다. 마라톤을 완주했을 때의 수준인 5~8%를 잃게 되면 극심한 피로와 현기증을 느낍니다. 10%가 넘으면 극심한 갈증으로 정신이 혼미해지고, 15~25%가 되면 거의 목숨을 잃게 됩니다.

애리조나 사막에서 길을 잃었다가 일주일간 물 한 모금 못 마시고 사경을 헤매다 구조된 사람이 있었습니다. 그는 구조 당시 팔다리 근육이 미라처럼 말라붙었고 입은 바짝 말라 말하지도 먹지도 못하고 눈과 귀의 기능을 거의 잃은 상태였습니다. 구조 후 입으로 물을 흘려 줘 소생된 그는 하루가 지나서야 말을 하고, 3일 후에야 다시 보고 들을 수 있었다고 합니다.

인류는 약 16만 년 전 아프리카에 나타난 뒤 전 대륙으로 퍼져 나갔습니다. 오늘날 다양한 인종은 열대 사바나 기후인 아프리카를 떠난 인류가 새로운 기후에서 수만 년간 적응한 결과라고 할 수 있습니다. 인종에 따라 더위에 대한 적응력이 꽤 차이가 나기도 합니다.

동북 아시아로 이주한 인류는 빙하기를 맞아 혹독한 추위에 적응하도록 진화했습니다. 그 결과 팔다리가 짧아지고 상체가 커졌습니다. 땀샘의 수도 줄고 땀을 내는 능력도 약해졌습니다. 또한 체온을 지키기 위해 배 쪽에 지방층이 먼저 쌓이게 됐습니다. 이것이 아시아 인이 흑인보다 더위에 약한 이유라고 할 수 있습니다. 아프리카 흑인들의 모습은 현생 인류의 초기 모습에서 별로 변하지 않았습니다. 그동안 그곳의 기후가 별로 변하지 않았기 때문입니다.

절대 온도를 정의한
켈빈 Kelvin William Thomson, 1824~1907

켈빈은 아일랜드의 수리 물리 학자이며 공학자입니다. 켈빈의 본명은 윌리엄 톰슨이며, 그의 다른 이름인 켈빈은 스코틀랜드 의 글래스고 대학교 앞에 흐르던 강 이름인 켈빈 강(River Kelvin) 을 따 작위를 받으면서 지은 것입니다. 그는 영국 물리학계 와 국민들로부터 존경을 받아 흔히 켈빈 경이라 불립니다.

켈빈은 일생 동안 왕성한 호기심을 가지고 살았을 뿐 아니 라 실험적인 의문을 수학적으로 풀고 그 결과를 실제적 문 제에 적용시켜 해석하는 능력이 남달리 뛰어났습니다.

켈빈은 물리학의 여러 분야 중 열역학 확립에 크게 기여하 였습니다. 그는 열역학 제2법칙을 발견하고, 1848년 절대 온도 개념을 도입하였습니다. 절대 온도는 이론적으로 생각할 수 있는 최저 온도를 0도로 하여 정해진 온도 눈금입니다. 오늘날 국제 도량형 위원회는 모든 온도 측정의 기준으로 절대 온도를 채택하고 있습니다.

또 켈빈은 열과 전기와의 관계를 연구하여 톰슨 효과와 줄—톰슨 효과를 발견하였습니다. 줄—톰슨 효과는 압축한 기체를 좁은 구멍으로 분출시키면 온도가 변하는 현상으로 오늘날 이 원리는 냉장고나 에어컨 등을 만드는 원리로 이용되고 있습니다.

켈빈은 전기 기술자로서도 많은 발명을 남겼지만, 특히 해저 전선 부설 공사를 완성하여 그 공로로 귀족 작위를 받았습니다.

이 밖에도 켈빈은 지구 물리학 분야에서는 조석 문제, 나침반의 개량, 자이로스코프(gyroscope)의 착상을 비롯하여 항해술에도 기여하였습니다.

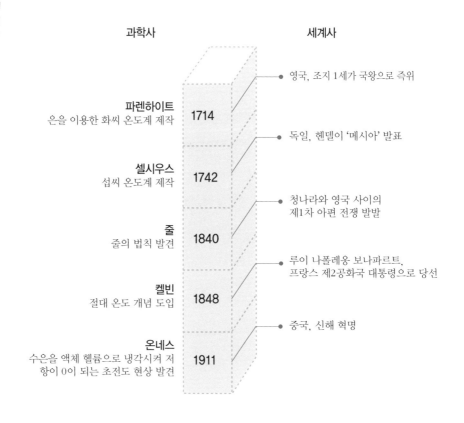

과 학 연 대 표
언제, 무슨 일이?

과학사		세계사

파렌하이트
은을 이용한 화씨 온도계 제작

1714

● 영국, 조지 1세가 국왕으로 즉위

셀시우스
섭씨 온도계 제작

1742

● 독일, 헨델이 '메시아' 발표

줄
줄의 법칙 발견

1840

● 청나라와 영국 사이의
제1차 아편 전쟁 발발

켈빈
절대 온도 개념 도입

1848

● 루이 나폴레옹 보나파르트,
프랑스 제2공화국 대통령으로 당선

온네스
수은을 액체 헬륨으로 냉각시켜 저
항이 0이 되는 초전도 현상 발견

1911

● 중국, 신해 혁명

1. 따뜻한 것을 느끼는 것을 ☐☐ 이라 하고, 낮은 온도 자극을 느끼는 것을 ☐☐ 이라 합니다.

2. 수은 온도계는 수은을 가는 유리관 속에 넣고 밀봉하여 만드는데, 수은은 온도에 따라 ☐☐ 가 변하는 성질을 이용합니다.

3. 온도는 −273℃ 이하로 내려갈 수 없다는 것이 밝혀졌는데, 이 온도를 절대 0도로 하여 만든 온도를 ☐☐ 온도라고 합니다.

4. 금속과 같이 열을 잘 전달하는 물질을 열의 ☐☐☐ 라고 하고, 나무 · 스티로폼 · 섬유와 같이 열을 잘 전달하지 못하는 물질을 열의 ☐☐☐ 라고 합니다.

5. 물체의 길이나 부피는 온도가 올라가면 길이나 부피가 늘어나는데, 이러한 현상을 ☐☐☐ 이라고 합니다.

6. 금속 온도계는 열팽창률이 다른 두 종류의 금속판을 맞붙여 만든 ☐☐☐☐ 로 만듭니다.

7. 동물은 항상 일정한 체온을 유지할 수 있는 ☐☐ 동물과 주위 온도에 따라 체온이 변하는 ☐☐ 동물로 구분됩니다.

플랑크 망원경
절대 온도 0도 초근접

　프랑스령 기아나의 쿠루 우주 기지에서 발사된 유럽 우주
국(ESA)의 플랑크와 허셜 두 망원경은 우주의 가장 먼 영역을
탐사해 물질의 기원, 즉 137억 년 전 우주의 탄생에서부터 별
과 은하, 행성들의 탄생 과정을 추적하고 있습니다.

　이 중 독일 물리학자 막스 플랑크의 이름을 딴 플랑크 망
원경은 빅뱅의 흔적으로 남은 '화석화'된 태고의 광선을 상
세한 수준으로 분석, 우주가 어떻게 빅뱅 직후 찰나에 불과
한 시간동안 급속한 팽창 과정을 거치게 됐는지 밝히게 됩니
다.

　2009년 5월에 발사된 플랑크 우주 망원경이 절대 온도 0
도에 가까운 영하 273.05℃까지 온도를 낮추는 데 성공했다
고 합니다. 이는 절대 온도 0도보다 0.05℃가 더 높은 것입
니다.

절대 온도 0도는 이론상 원자의 활동이 멈추는 온도로 지금까지 지상 실험실에서 절대 온도 0도에 가까운 극저온 환경이 만들어지긴 했지만, 우주에서 이런 온도를 만들어 내기는 처음이라고 합니다.

과학자들은 현재 우주에 이보다 온도가 낮은 곳은 어디에도 없을 것으로 자신하고 있습니다.

플랑크 망원경의 볼로미터(미량 복사 에너지 측적용 저항 온도계)는 이런 극저온에서 빛의 감지력이 최고 수준이 되는데, 이런 상태를 유지하기 위해 플랑크 망원경은 항상 태양열이 냉각기가 망원경 중심부 온도를 절대 온도 0도에 최대한 가깝게 만든다고 합니다.

한편 플랑크 망원경과 함께 발사된 ESA의 또 다른 망원경인 허셜 망원경은 플랑크 망원경보다 파장이 짧은 광선들을 관찰해 별의 탄생과 은하의 진화 과정을 밝히게 됩니다.

허셜 망원경도 볼로미터 기술을 사용하지만 절대 온도 0도보다 0.3℃ 높은 상태에서 가동됩니다.